OUVRAGE PUBLIÉ SOUS LES AUSPICES DU MINISTÈRE DE L'INSTRUCTION PUBLIQUE

SOUS LA DIRECTION DE

L. JOUBIN, Professeur au Muséum d'Histoire Naturelle

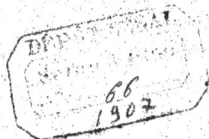

EXPÉDITION
ANTARCTIQUE FRANÇAISE

(1903-1905)

COMMANDÉE PAR LE

Dr Jean CHARCOT

SCIENCES NATURELLES : DOCUMENTS SCIENTIFIQUES

ÉCHINODERMES

Stellérides, Ophiures et Échinides

PAR

R. KŒHLER

Professeur à l'Université de Lyon

Holothuries

PAR

C. VANEY

Maître de Conférences de Zoologie
à l'Université de Lyon

PARIS

MASSON ET Cie, ÉDITEURS

120, Boulevard Saint-Germain, 120

EXPÉDITION ANTARCTIQUE FRANÇAISE
(1903-1905)

Fascicules publiés

Décembre 1906.

Expédition Antarctique Française

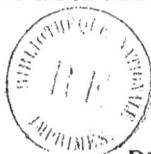

(1903-1905)

COMMANDÉE PAR LE

Dr Jean CHARCOT

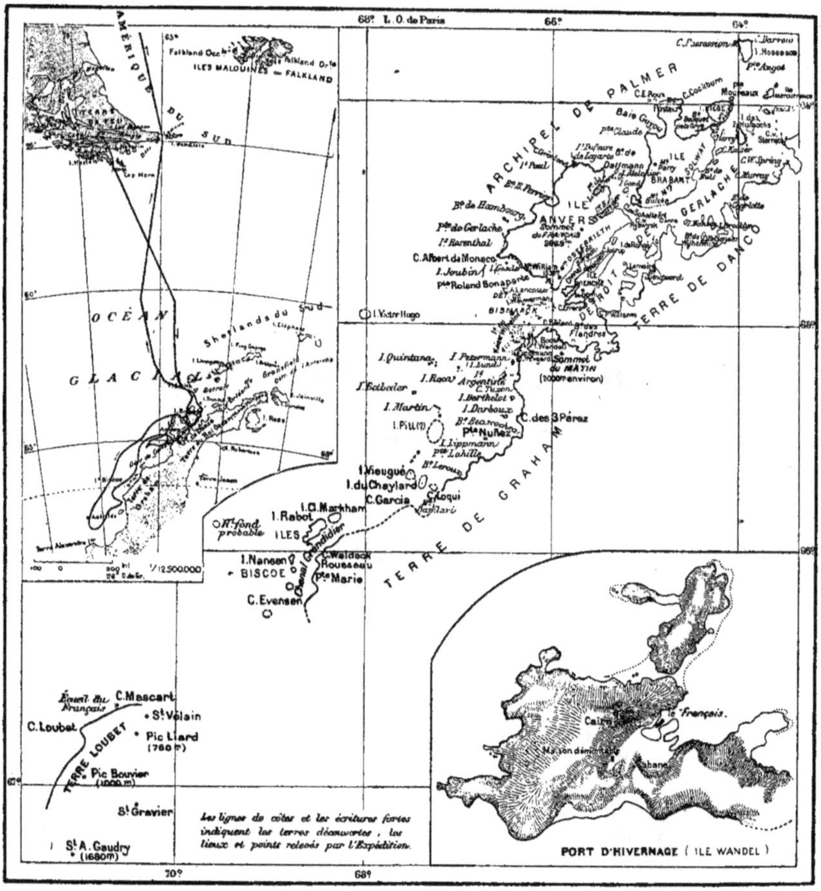

CARTE DES RÉGIONS PARCOURUES ET RELEVÉES

PAR L'EXPÉDITION ANTARCTIQUE FRANÇAISE

Membres de l'État-Major :

Jean Charcot — A. Matha — J. Rey — P. Pléneau — J. Turquet — E. Gourdon

OUVRAGE PUBLIÉ SOUS LES AUSPICES DU MINISTÈRE DE L'INSTRUCTION PUBLIQUE

SOUS LA DIRECTION DE

L. JOUBIN, Professeur au Muséum d'Histoire Naturelle

EXPÉDITION
ANTARCTIQUE FRANÇAISE
(1903-1905)

COMMANDÉE PAR LE

Dr Jean CHARCOT

SCIENCES NATURELLES : DOCUMENTS SCIENTIFIQUES

ÉCHINODERMES

Stellérides, Ophiures et Échinides

PAR

R. KŒHLER

Professeur à l'Université de Lyon

Holothuries

PAR

C. VANEY

Maître de Conférences de Zoologie
à l'Université de Lyon

PARIS
MASSON ET Cie, ÉDITEURS
120, Boulevard Saint-Germain, 120

LISTE DES COLLABORATEURS

Les mémoires précédés d'un astérisque ont paru.

MM. Trouessant . . . . *Mammifères.*
  Ménégaux . . . . *Oiseaux.*
  ⋆ Vaillant . . . . *Poissons.*
  ⋆ Sluiter . . . . *Tuniciers.*
  ⋆ Vayssière . . . . *Nudibranches.*
  ⋆ Joubin . . . . *Céphalopodes.*
  ⋆ Lamy . . . . *Gastropodes et Pélécypodes.*
  ⋆ Thiele . . . . *Amphineures.*
  Carl . . . . *Collemboles.*
  Roubaud . . . . *Diptères.*
  Trouessant . . . . *Acariens.*
  Bouvier . . . . *Pycnogonides.*
  ⋆ Coutière . . . . *Crustacés Schizopodes et Décapodes.*
Mlle ⋆ Richardson . . . . *Isopodes.*
MM. ⋆ Chevreux . . . . *Amphipodes.*
  ⋆ Quidor . . . . *Copépodes.*
  Nobili . . . . *Ostracodes.*
  Œhlert . . . . *Brachiopodes.*
  Calvet . . . . *Bryozoaires.*
  Gravier . . . . *Polychètes.*
  Hérubel . . . . *Géphyriens.*
  Jägerskiöld . . . . *Nématodes libres.*
  Railliet . . . . *Nématodes parasites.*
  Blanchard . . . . *Cestodes.*
  Guiart . . . . *Trématodes.*
  Joubin . . . . *Némertiens.*
  Hallez . . . . *Planaires.*
  Ed. Perrier . . . . *Crinoïdes.*
  ⋆ Kœhler . . . . *Stellérides, Ophiures et Echinides.*
  ⋆ Vaney . . . . *Holothuries.*
  Roule . . . . *Alcyonaires.*
  Bedot . . . . *Siphonophores.*
  ⋆ Billard . . . . *Hydroïdes.*
  Topsent . . . . *Spongiaires.*
  Turquet . . . . *Phanérogames.*
  Cardot . . . . *Mousses.*
  Hariot . . . . *Algues.*
  Petit . . . . *Diatomées.*
  Gourdon . . . . *Géologie, Minéralogie, Glaciologie.*

ÉCHINODERMES

(STÉLLÉRIDES, OPHIURES ET ÉCHINIDES)

Par R. KŒHLER

PROFESSEUR A L'UNIVERSITÉ DE LYON

M. le professeur Joubin a bien voulu me confier l'étude des Stellérides, Ophiures et Échinides recueillis dans l'Océan Antarctique par
l'Expédition du Dʳ Charcot. La collection qui m'a été remise n'est pas
très considérable, mais elle renferme des formes ayant un très grand
intérêt, notamment parmi les Astéries qui m'ont offert non seulement
plusieurs espèces nouvelles, mais encore un genre nouveau et même
une famille nouvelle. Les Ophiures, assez pauvrement représentées, ont
fourni une espèce nouvelle. Quant aux Échinides, ils appartiennent à
trois espèces déjà connues.

Voici l'énumération des espèces recueillies :

STELLÉRIDES

ARCHASTÉRIDÉES : *Ripaster Charcoti* nov. gen., nov. sp.
                Odontaster validus nov. sp.
                Odontaster tenuis nov. sp.
GYMNASTÉRIDÉES : *Porania antarctica* Smith.
STICHASTÉRIDÉES : *Granaster biseriatus* nov. sp.
ASTÉRIADÉES :   *Anasterias tenera* nov. sp.
                Diplasterias Turqueti nov. sp.
                Diplasterias papillosa nov. sp.
BRISINGIDÉES :   *Labidiaster radiosus* Lütken.
CRYASTÉRIDÉES nov. fam. : *Cryaster antarcticus* nov. gen., nov. sp

OPHIURES

Ophioglypha innoxia nov. sp
Ophionotus Victoriæ Bell.

ÉCHINIDES

Arbacia Dufresnii (Blainville).
Echinus magellanicus Philippi.
Echinus margaritaceus Lamarck.

La seule inspection de cette liste montre que la faune échinologique observée par l'Expédition Charcot est notablement différente de celle qu'avaient rencontrée d'autres explorations antarctiques, celles de la « Belgica » et de la « Southern Cross », par exemple.

Parmi les Astéries, deux formes seulement appartiennent à des espèces déjà connues et d'ailleurs abondamment répandues vers la pointe méridionale de l'Amérique du Sud : ce sont les *Porania antarctica* et *Labidiaster radiosus*. Les huit autres sont nouvelles et appartiennent pour la plupart à des genres bien représentés dans les mers australes : *Odontaster*, *Granaster*, *Anasterias* et *Diplasterias*. J'ai du créer un genre nouveau pour une Archastéridée caractérisée par la minceur des plaques marginales. Enfin une dernière forme, remarquable par l'absence complète de squelette dorsal, ne peut rentrer dans aucune famille connue de *Cryptozonia* et doit faire le type d'une famille nouvelle, celle des *Cryastéridées*.

Les Ophiures renferment une *Ophioglypha* nouvelle et plusieurs exemplaires d'*Ophionotus Victoriæ*, espèce découverte tout récemment dans les mers australes par la « Southern Cross ».

Les trois Échinides que j'ai signalés plus haut ont déjà été rencontrés plus ou moins fréquemment sur les côtes de la Patagonie et dans les parages du cap Horn. L'*Echinus margaritaceus* est représenté par de nombreux échantillons que j'ai été très heureux d'étudier, afin de pouvoir compléter la description et rectifier la synonymie de cette espèce.

La composition de la faune échinologique antarctique observée par l'Expédition Charcot est complètement différente de celle que l'on observe dans les mers arctiques, et son étude viendrait encore, si cela était nécessaire, apporter un nouvel argument contre la théorie de la bipolarité des faunes arctique et antarctique. J'ai examiné cette question dans un autre travail (1), et plus les observations se multiplient, plus les différences se montrent nombreuses et accentuées entre les faunes des régions arctique et antarctique de notre globe. Il me paraît complètement superflu d'insister sur ce point.

(1) *Résultats du voyage du « S. Y. Belgica »*. Échinides et Ophiures, p. 36-38.

STELLÉRIDES

ARCHASTÉRIDÉES

Ripaster nov. gen.

Les faces dorsale et ventrale du disque et des bras sont planes et se réunissent par des angles droits aux faces latérales, qui sont verticales. Le disque, de moyenne grosseur, est bien séparé des bras, qui s'amincissent graduellement jusqu'à leur extrémité, qui est pointue. La face dorsale du disque et des bras est couverte de paxilles, petites et serrées. Les plaques marginales dorsales et ventrales sont assez hautes et excessivement étroites, et les plaques dorsales apparaissent à peine à la face dorsale des bras, qu'elles limitent d'une bordure très mince : elles sont recouvertes, comme les plaques ventrales, d'une rangée de piquants aplatis et couchés, dont la longueur est voisine de celle de la plaque. Les plaques ventrales sont peu nombreuses. Les piquants ambulacraires sont disposés en une seule rangée ; les tubes ambulacraires, pointus, forment une double rangée. Les dents, grandes et saillantes, sont garnies de chaque côté d'une double rangée de piquants dont les internes sont très courts, épais et fortement élargis à l'extrémité. L'anus est subcentral.

Le genre *Ripaster* doit se placer près du genre *Dytaster*. Il se distingue de tous les autres genres de la famille des Archastéridées par l'étroitesse des plaques marginales recouvertes de petits piquants couchés.

Ripaster Charcoti nov. sp.
(Pl. III, fig. 20, 21, 31 et 32.)

Iles Wincke. Deux exemplaires.
Ile Booth-Wandel. Trois exemplaires.
Baie Biscoe. Un très petit exemplaire.
N° 228 (sans autre indication). Trois grands exemplaires secs.

Dans les cinq premiers individus, qui étaient conservés dans le formol, R varie entre 80 et 90 millim., $r = 22$ à 24 millim. ; les bras ont 24 millim. de largeur à la base. Dans l'exemplaire de la baie Biscoe, $R = 30$ millim. Les échantillons desséchés portant le n° 228 sont beaucoup plus grands : $R = 150$ et $r = 30$ millim.

Je décrirai l'espèce d'après un individu de l'île Booth-Wandel, qui est très bien conservé et que j'ai fait sécher pour le photographier : c'est lui qui est représenté figures 20 et 21.

La face dorsale du disque et des bras est couverte de paxilles petites, fines et très serrées, un peu plus grandes sur le disque que sur les bras et devenant excessivement petites vers l'extrémité des bras ; les cinq ou six rangées qui entourent l'anus sont aussi beaucoup plus petites. Dans les grands échantillons du n° 228, les plus grandes paxilles atteignent à peine un diamètre de 1 millimètre ; elles offrent une douzaine de granules périphériques entourant une demi-douzaine de granules centraux. Sur le disque, les paxilles sont plutôt disposées en cercles concentriques, tandis que sur les bras elles forment des rangées transversales qui sont assez irrégulières ; vers la base des bras, en un point où l'aire paxillaire a 22 millimètres de large, j'en compte une quarantaine.

La plaque madréporique est petite, rapprochée du bord.

Les plaques marginales sont très hautes ; dans les individus de moyenne taille, la hauteur des plaques dorsales est un peu inférieure à celle des ventrales et atteint 12 millimètres environ ; dans les grands exemplaires, la hauteur des plaques ventrales dépasse un peu celle des dorsales. Ces plaques sont excessivement étroites, et, lorsqu'on les regarde par en haut, elles sont presque exclusivement limitées aux faces latérales des bras ; les plaques marginales dorsales se montrent sous forme d'une mince bordure ne dépassant pas 1 millimètre de large ; sur leur face latérale (fig. 32), elles offrent une rangée de cinq ou six petits piquants aplatis et couchés, les piquants moyens un peu plus longs que les piquants externes, mais tous plus courts que la plaque. Les plaques marginales ventrales, qui correspondent exactement aux plaques dorsales, offrent sur leur bord externe cinq, puis quatre piquants aplatis et couchés : les piquants moyens sont plus longs que la plaque, les autres égalent à peu près sa longueur ; le reste de la surface de ces plaques est couvert de piquants très courts et dressés. Je compte quarante-huit plaques marginales sur un bras de l'exemplaire que j'ai représenté figure 20. Dans les grands échantillons du n° 228, les plaques marginales dorsales sont comparativement plus élevées, et elles portent une dizaine de piquants, tandis que les plaques ventrales n'offrent pas plus de cinq grands piquants (fig. 31); il y en a cinquante-quatre sur chaque bras.

Les plaques ventrales sont très peu développées et elles ne forment qu'une seule rangée, sauf dans l'angle interbrachial où l'on reconnaît trois ou quatre rangées; elles portent chacune une petite touffe de piquants très courts et dressés.

Les piquants ambulacraires sont disposés sur une seule rangée, au nombre de cinq sur chaque plaque : ils sont grands et aplatis et forment un petit peigne dressé, les moyens un peu plus longs que les autres; en dehors de chaque groupe, on trouve un ou deux petits piquants isolés qui passent aux piquants ventraux. Les tubes ambulacraires sont pointus et très régulièrement bisériés.

Les dents sont grandes et saillantes ; par leur disposition et leur armature, elles rappellent le *Pseudarchaster tessellatus*. Elles portent sur leur bord ambulacraire une rangée très régulière de piquants aplatis et obtus à l'extrémité, très serrés les uns contre les autres et au nombre de douze à quinze ; sur la face ventrale et de chaque côté de la ligne médiane, les dents sont munies d'une rangée de piquants courts, larges, épais et trapus, élargis à l'extrémité, qui est large et obtuse.

Odontaster validus nov. sp.

(Pl. III, fig. 22 à 26.)

Ile Anvers. Trois exemplaires.
Ile Booth-Wandel. Deux exemplaires.
Baie Biscoe. Trois exemplaires.
Baie des Flandres. Un très petit exemplaire.
Un dernier exemplaire sans provenance.

Dans le plus grand individu, qui provient de l'île Anvers, $R = 50$ et $r = 30$ millim.; dans d'autres individus, $R = 40$ et $r = 20$ millim.; d'autres sont un peu plus petits. Dans l'échantillon de la baie des Flandres, $R = 10$ millim. seulement.

La structure générale de cet *Odontaster* est robuste et résistante, et tout

l'ensemble est très rigide et indéformable. Le disque et les bras sont
très épais et hauts : dans le plus grand échantillon, le disque a une
épaisseur de 18 millimètres; cette épaisseur est encore de 17 millimètres dans un échantillon dont $R = 40$ millimètres. Les bras se
confondent avec le disque par leur base, qui est très large; ils sont
triangulaires et s'amincissent assez rapidement.

La face dorsale du disque et des bras est couverte de paxilles serrées
et arrivant toutes à la même hauteur ; elles sont formées par une tige
courte et épaisse (fig. 25), portant une couronne de spinules en forme de
cylindres courts et souvent légèrement élargis à l'extrémité, au nombre
de douze à quinze par paxille : il y a une dizaine de spinules périphériques
et trois à quatre centrales (fig. 26) ; toutes les spinules arrivent à la même
hauteur, ce qui donne beaucoup de régularité à l'ensemble ; les spinules
périphériques sont plus ou moins divergentes. Sur le disque, ces paxilles
sont disposées plus ou moins régulièrement, et, sur les bras, elles forment
des séries longitudinales et transversales. Elles deviennent plus petites
vers le bord du disque et vers l'extrémité des bras. Dans le plus grand
échantillon de l'île Booth-Wandel, les paxilles mesurent 1^{mm},5 de largeur
au centre du disque. Entre ces paxilles se montrent des papules
isolées.

Les plaques marginales dorsales et ventrales sont peu développées, et
leur forme est presque carrée. Elles sont recouvertes de granules allongés, qui, à la périphérie de la plaque, s'allongent encore de manière à
ressembler aux spinules des paxilles. Dans l'angle interbrachial, les
plaques marginales sont plus étroites que sur le reste du bras, et
elles ressemblent tout à fait à des paxilles qui seraient seulement
un peu plus grandes que les paxilles voisines. Les plaques marginales dorsales et ventrales se correspondent exactement, et, dans
le grand échantillon de l'île Booth-Wandel, j'en compte trente-deux de
chaque côté.

Les plaques ventrales, petites et peu distinctes, forment des rangées
régulières obliques, et elles sont uniformément couvertes de piquants
assez courts, cylindriques, à pointe obtuse, au nombre de quatre à cinq
par plaque. Ces piquants deviennent plus courts vers le bord du disque

et des bras, et ils se réduisent aussi à mesure qu'on se rapproche de l'extrémité des bras.

Les piquants ambulacraires sont disposés sur plusieurs rangées, souvent sans ordre bien régulier. On peut cependant distinguer en général trois rangées : les deux internes renferment chacune deux piquants disposés obliquement par rapport au sillon ; la troisième rangée renferme deux ou trois piquants qui passent aux piquants ventraux. Ces piquants sont allongés, cylindriques, obtus à l'extrémité, un peu plus forts et plus longs que les piquants de la face ventrale.

Les tubes ambulacraires sont terminés par une ventouse plissée, et ils forment souvent sur les grands échantillons plus de deux rangées obliques.

La plaque madréporique est assez grande et peu ou pas saillante : elle est située presque à égale distance entre le centre et les bords, un peu plus près du centre.

Les pédicellaires font complètement défaut.

Les dents présentent sur leur bord libre une rangée de cinq piquants à peu près de la grandeur des piquants ambulacraires ; on trouve en outre sur leur face ventrale une série de trois piquants. L'épine dentaire, assez forte, est terminée par une pointe aiguë.

La couleur générale est d'un brun jaunâtre foncé.

RAPPORTS ET DIFFÉRENCES. — L'*O. validus* se distingue par la petitesse des plaques marginales dorsales et ventrales, qui ressemblent plutôt à des paxilles, par ses paxilles courtes et larges, par la structure robuste et l'épaisseur du disque et des bras, par les bras larges à la base, par les piquants de la face ventrale serrés et assez courts.

Odontaster tenuis nov. sp.
(Pl. IV, fig. 33 à 38.)

Ile Howgard. Cinq exemplaires.
Quatre exemplaires desséchés portant respectivement les nᵒˢ 99, 228 et 445-48.

Dans le plus grand échantillon, $R = 58$ et $r = 25$ millim. ; d'autres échantillons mesurent respectivement : $R = 50$, $r = 25$ millim. ; $R = 50$, $r = 20$ millim. ; $R = 40$, $r = 18$ millim. ; $R = 23$, $r = 13$ millim.

Le disque et les bras sont aplatis et minces; la structure générale est beaucoup moins robuste et moins solide que chez l'*O. validus*, et les individus conservés dans le formol, au lieu d'être résistants et rigides, sont mous et facilement déformables.

Le disque est très grand; les bras sont larges à la base, et ils s'amincissent rapidement; ils sont comparativement plus courts, mais plus minces et plus effilés que chez l'*O. validus*.

La face dorsale du disque et des bras est couverte de formations paxillaires plus grêles et un peu moins serrées que dans l'espèce précédente, et les spinules qui les terminent sont plus allongées ; chaque paxille ressemble à un court pinceau terminé par une dizaine de soies, tantôt divergentes, tantôt réunies en faisceau, et la tige, étroite, a la même longueur que les spinules (fig. 37 et 38). Ces paxilles sont placées sans ordre sur le disque ; sur les bras, elles se disposent régulièrement en rangées longitudinales et transversales, et l'on remarque entre elles de nombreuses papules isolées.

Les plaques marginales dorsales et ventrales affectent la forme de paxilles, aussi bien dans l'angle interbrachial que sur la longueur des bras; dans cet angle, elles sont simplement plus fortes et plus allongées que les paxilles voisines. Les plaques ventrales correspondent aux plaques dorsales; j'en compte environ trente-six de chaque côté dans les grands échantillons.

Les plaques ventrales sont couvertes de piquants allongés, cylindriques, obtus à l'extrémité, plus longs et plus développés que chez l'*O. validus*. Il est difficile de distinguer les plaques ventrales, qui portent chacune trois ou quatre piquants. Vers le bord du disque, les piquants deviennent plus serrés et en même temps plus courts : ils forment ainsi sur chaque plaque un petit groupe de quatre à six piquants divergents, ressemblant à une petite paxille.

Les piquants ambulacraires sont disposés comme chez l'*O. validus*; ils sont seulement un peu plus longs et plus forts. Les dents sont aussi plus allongées que dans cette dernière espèce ; elles offrent sur leur bord une bordure de sept piquants, et il y en a en outre trois ou quatre de chaque côté de l'épine dentaire.

La plaque madréporique est très grosse et très saillante ; dans les grands échantillons, son diamètre atteint 7 millimètres.

Il n'y a pas de pédicellaires.

Les exemplaires dans le formol sont gris, sauf l'un d'eux, qui est brun ; les individus desséchés sont bruns ou brun rougeâtre.

RAPPORTS ET DIFFÉRENCES. — L'*O. tenuis* est voisin de l'*O. validus* ; il s'en distingue par le disque et les bras aplatis, minces et peu rigides, par le disque plus grand, par les bras plus minces et plus effilés, par les paxilles plus allongées et plus grêles terminées par des spinules plus minces et allongées, par les piquants de la face ventrale plus longs et plus serrés et enfin par la plaque madréporique plus grande et plus saillante.

GYMNASTÉRIDÉES

Porania antarctica Smith.

Voir pour la bibliographie : Ludwig, *Résultats du voyage de « S. Y. Belgica »*, Seesterne, p. 22, et Leitpoldt, Asteroidea der Vettor Pisani Expedition (*Zeit. f. wiss. Zool.*, Bd. LIX, p. 588).

Deux exemplaires dans lesquels les tubercules sont peu développés ; l'un n'offre guère que des tubercules interstitiels ; dans l'autre, qui est plus petit, on aperçoit, au contraire, l'indication de tubérosités sur les points de réunion des plaques principales.

Perrier a montré que les caractères invoqués par Sladen pour séparer de la *P. antarctica* les autres espèces antarctiques n'ont pas l'importance que cet auteur leur attribuait, et il est d'avis de réunir toutes ces formes en une seule espèce, à laquelle il conserve le nom de *P. antarctica*. Je me range absolument à cette manière de voir.

STICHASTÉRIDÉES

Granaster biseriatus nov. sp.
(Pl. I, fig. 6 ; Pl. IV, fig. 42.)

Six échantillons : deux provenant de l'île Howgaad et quatre de l'île Booth-Wandcl.

Tous les individus sont de petite taille : dans les plus grands, $R = 16$ et $r = 6$ millim. ; dans les plus petits, $R = 10$ millim.

Perrier (1) a proposé de séparer le *Stichaster nutrix* Studer du genre *Stichaster*, avec lequel il n'offre que de lointaines analogies, pour en faire un genre à part auquel il propose d'appliquer le nom de *Granaster*. Ce *Stichaster (Granaster)* provient, comme on sait, de la Géorgie du Sud. L'Expédition Charcot a recueilli quelques exemplaires d'une petite Astérie très voisine du *Granaster nutrix*, dont elle a tout à fait le facies : cependant les bras sont comparativement plus allongés et plus grêles ; ils n'ont pas la forme courte et ramassée qu'indique Studer, et ils sont mieux séparés du disque.

A cette différence dans la forme extérieure, s'ajoutent deux différences plus importantes dans la structure. Le sillon ambulacraire, qui est large dans le *Granaster nutrix*, est étroit dans les exemplaires que j'ai sous les yeux, et les tubes ambulacraires, au lieu d'être quadrisériés, sont très nettement et très régulièrement bisériés. Enfin, sur les plus grands individus, je distingue, à la base des bras du moins, trois piquants ambulacraires : le piquant interne est cylindrique, un peu aplati, assez mince, et les autres sont moins épais et moins renflés que chez le *G. nutrix*.

Les autres caractères sont conformes à ceux du *G. nutrix*.

Dans certains individus, l'estomac est plus ou moins extroversé au dehors, mais je ne vois pas la moindre trace de pontes analogues à celles que Studer a constatées chez le *G. nutrix*.

En raison des différences que je viens d'indiquer, et surtout à cause de la disposition très régulièrement bisériée des tubes ambulacraires, il m'a paru que les échantillons recueillis par l'Expédition Charcot devaient constituer plus qu'une simple variété du *G. nutrix*, et je propose de les en séparer sous le nom de *G. biseriatus*.

(1) *Expédition du « Travailleur » et du « Talisman »*, Stellérides, p. 129.

ASTÉRIADÉES

Anasterias tenera nov. sp.

(Pl. II, fig. 11 à 16 ; Pl. III, fig. 27 et 28 ; Pl. IV, fig. 41.)

Ile Booth-Wandel, profondeur 40 mètres (drague). Deux exemplaires.

Quatre autres échantillons n'ont pas d'indications de station et portent simplement des numéros : deux sont étiquetés 445-48, le troisième 644 et le quatrième 758.

Enfin deux échantillons secs portent le n° 758.

Dans le plus grand échantillon (n° 758), $R = 120$ et $r = 25$ millim. ; les bras ont 29 millim. de largeur à la base. Dans l'un des échantillons de l'île Booth-Wandel, $R = 105$ et $r = 20$ millim. ; dans l'autre, $R = 65$ et $r = 17$ millim. Les autres individus sont moins grands et $R = 75$ et 65 millim. ; l'échantillon portant le n° 644 est admirablement conservé : c'est lui que j'ai représenté figure 11 et 12, d'après des photographies. Les individus desséchés sont plus petits, et leur grand rayon mesure respectivement 60 et 50 millim.

Dans les échantillons non déformés, le disque et les bras sont épais et hauts ; les bras sont larges à la base, et ils s'amincissent très lentement et progressivement jusqu'à l'extrémité, qui est large et obtuse. Les individus sont assez facilement déformables, mais cependant les gros échantillons offrent une certaine rigidité, tandis que les petits sont en général très mous.

Tout le tégument est couvert de ces expansions cutanées auxquelles on a donné le nom de pustules : ces expansions sont basses et assez larges ; elles sont inégales et offrent des contours irréguliers, polygonaux ou arrondis ; les plus grandes ont une largeur de 2 à 3 millimètres. Le tissu de ces pustules, qui renferme d'abondantes fibres conjonctives, présente de nombreux pédicellaires croisés, que j'ai représentés figures 15 et 16, et dont la tête a $0^{mm},40$ à $0^{mm},45$ de longueur. Entre les pustules, se montrent de petits groupes de papules peu développées.

On rencontre parfois, sur la face dorsale des bras, des pustules offrant en leur centre un petit piquant ; mais cela est très rare, et les piquants sont à peu près exclusivement localisés sur les parties ventrales et latérales des bras.

Immédiatement en dehors de la rangée de piquants ambulacraires, on remarque une double rangée de piquants s'étendant sur toute la longueur du bras. Les piquants de la rangée externe correspondent exactement à ceux de la rangée interne. Chaque piquant s'élève au centre d'une pustule, et toutes ces pustules, de forme assez régulière et quadrangulaire, plus grosses que les autres, forment une double rangée s'étendant sur toute la longueur du bras. Chacun de ces piquants correspond environ à quatre piquants ambulacraires. Ces piquants sont aplatis, et ils vont en s'élargissant légèrement depuis la base jusqu'à l'extrémité, qui est tronquée; ils débordent de 2 millimètres environ la pustule au centre de laquelle ils s'élèvent.

Sur l'échantillon que j'ai représenté figures 11 et 12, je compte de trente-six à quarante pustules ou piquants dans chaque rangée. La rangée externe se trouve à la limite de la face ventrale et de la face latérale du bras.

A quelque distance au-dessus de la rangée externe de piquants et pas tout à fait au milieu de la face latérale du bras, on peut remarquer une autre série de piquants, mais plus courts et plus petits que les précédents et faisant à peine saillie hors de la pustule qui en entoure la base. Cette rangée est bien apparente sur l'échantillon n° 644, que j'ai représenté; mais je n'ai pas pu la reconnaître sur certains individus, sans doute en raison de leur mauvais état de conservation; elle ne paraît pas s'étendre toujours jusqu'à l'extrémité du bras.

Les pustules que j'observe chez l'*A. tenera* sont les mêmes que celles qui ont été indiquées chez d'autres espèces d'*Anasterias*; elles sont évidemment identiques à ces collerettes qu'on trouve à la base des piquants de beaucoup d'*Asterias* et qui renferment de nombreux pédicellaires croisés. Dans le genre *Anasterias*, la plupart des piquants avortent, et la collerette reste seule, constituant ainsi une pustule.

Les piquants ambulacraires, disposés sur une seule rangée, sont grands, assez minces, cylindriques, obtus à l'extrémité, qui est parfois élargie et un peu aplatie sur les grands échantillons; leur longueur est égale à 5 millimètres. Le sillon ambulacraire est très large, et les tubes ambulacraires sont disposés très régulièrement sur quatre rangées. Des pédicellaires droits, assez nombreux et de taille variable, se rencontrent à la base des piquants ambulacraires (fig. 14); leur longueur varie entre 1 millimètre et 1^{mm},20.

Je n'ai pas rencontré de pédicellaires en griffe, comme Ludwig en a signalé chez l'*A. chirophora*.

La plaque madréporique est petite et peu apparente sur les exemplaires conservés dans le formol.

Le squelette dorsal du disque et le squelette latéral des bras présentent le caractère rudimentaire qu'on observe dans le genre *Anasterias*. Un anneau irrégulièrement pentagonal limite la région centrale du disque (fig. 13); cet anneau est formé de petites pièces calcaires, généralement disposées sur un seul rang et s'imbriquant par leurs bords. La plaque madréporique est comprise dans ce cercle, qui, sur un échantillon dans lequel $R = 50$ millimètres, a un diamètre de 8 millimètres. En dedans du cercle, on remarque quelques petites plaques isolées plus ou moins nombreuses suivant les exemplaires et formant même parfois de petites séries. La disposition de cet anneau calcaire rappelle les *A. Belgicæ* et *A. chirophora*, étudiées par Ludwig. De l'anneau calcaire part, dans chaque interradius, une série de petites plaques disposées sur deux ou trois rangs, qui se dirigent sur l'angle interbrachial et se continuent vers la face ventrale pour atteindre les plaques ambulacraires. Ces plaques viennent se confondre avec celles qui constituent le squelette de la face latérale des bras.

Ce squelette latéral des bras comprend d'abord une première rangée de plaques que j'appellerai inféro-latérales (fig. 28, *i. l*), qui se suivent en s'imbriquant et forment une bande continue, superposée aux plaques ambulacraires (*a*); elles s'étendent vraisemblablement sur toute la longueur des bras. Ces plaques sont irrégulièrement losangiques ou ovalaires, et chacune d'elles correspond à deux ou trois plaques ambulacraires. De chaque plaque ventro-latérale part une rangée verticale étroite de trois ou quatre plaques (*l*), dont l'inférieure s'imbrique sur la plaque inféro-latérale correspondante. Ces rangées sont largement séparées les unes des autres; seule, la dernière plaque de chaque série, plus large que les autres (*s. l*), se relie de chaque côté aux deux plaques voisines, soit par un prolongement direct, soit par une petite plaque indépendante, de manière à former une rangée supérieure continue. La série inférieure de plaques supporte la double rangée de piquants

inférieurs, et la série supérieure supporte les piquants plus petits de la
rangée latérale. Je remarque encore à la base des bras que les plaques
de la rangée supérieure se prolongent vers la face dorsale, mais je n'ai
pu distinguer exactement les contours de ces parties, qui me paraissent
former quelques petites plaques isolées.

Toutes ces pièces du squelette du disque et des bras sont fort diffi-
ciles à étudier : on ne peut pas les reconnaître sur les échantillons conservés dans un liquide, et il faut les préparer sur des individus desséchés
en détruisant, à l'aide de la potasse, les téguments qui les recouvrent.
Or on ne peut enlever complètement ces téguments sous peine de voir le
morceau traité se disloquer brusquement, et les tissus mous qu'il faut
laisser en place pour maintenir les plaques calcaires en masquent plus ou
moins les contours. Il est d'autant plus difficile de réussir la préparation
que, les échantillons ayant été traités par le formol, les tissus sont deve-
nus plus résistants. C'est pour cette raison que je n'ai pas pu étudier
d'une manière aussi complète que je l'aurais voulu ce squelette si
délicat.

J'ajouterai encore qu'on peut observer, à la face dorsale du
disque, quelques plaques radiales dont le nombre varie suivant les
échantillons ; ces plaques sont d'ailleurs toujours fort peu développées. Ainsi, sur un des échantillons, je distingue dans un des radius
une petite série de trois ou quatre plaques qui partent de l'anneau
dorsal ; dans les autres radius, il n'y a qu'une seule plaque ou
même pas du tout. Enfin on trouve çà et là, sur la face dorsale des
bras, quelques petites plaques isolées portant chacune un petit piquant ; ces plaques, irrégulièrement disposées, sont toujours très peu
nombreuses.

La couleur des échantillons conservés dans le formol est blanche, sauf
chez les deux exemplaires de l'île Booth-Wandel, qui sont brunâtres.

RAPPORTS ET DIFFÉRENCES. — L'*A. tenera* est voisine des *A. chirophora*
et *Belgicæ*, dont elle diffère par la constitution du squelette du disque
et des bras ; elle s'éloigne aussi de l'*A. chirophora* par l'absence de
pédicellaires en griffe.

*
* *

L'*Anasterias tenera* est, comme d'autres espèces du genre, une Astérie incubatrice, et l'un des échantillons de l'île Booth-Wandel, le plus petit, est en gestation. Les jeunes sont rassemblés sous la face ventrale du disque de leur mère, et ils forment une masse compacte et serrée qui recouvre cette face à peu près complètement ; la couvée masque non seulement l'orifice buccal, mais encore le commencement des cinq sillons ambulacraires. L'Astérie ne présente dans sa forme rien de particulier, et elle n'offre pas l'attitude que l'on observe souvent chez les espèces incubatrices ; la face dorsale n'est pas plus bombée que chez les autres exemplaires, qui ne sont pas en gestation, et les bras sont presque plans. Les jeunes ont un diamètre de 5 millimètres ; ils sont tous au même stade et dans la même position par rapport à la mère, leur face ventrale tournée vers la face ventrale de cette dernière. Comme cet individu est le seul de la collection qui soit en état de gestation, je n'ai pas voulu dissocier cette couvée, qu'il était intéressant de conserver intacte, soit pour étudier la structure des jeunes, soit pour rechercher leurs relations avec la mère. Heureusement une couvée isolée, ou plutôt une portion de couvée, m'a aussi été remise et m'a permis de faire quelques observations intéressantes. Cette couvée appartient très vraisemblablement à l'*A. tenera*, et les jeunes offrent la même taille et les mêmes caractères que ceux qui sont en place. Elle ressemble beaucoup à celle que Ludwig a figurée dans les *Résultats du voyage de la « Belgica »* (Seesterne, pl. VII, fig. 69 et 70). Les individus sont reliés par les ramifications d'un pédoncule ou cordon, que Philippi a appelé le *cordon ombilical*, et qui se fixe sur chaque jeune en un point toujours exactement interradial et au voisinage de la bouche, qui est fermée.

Le développement d'une autre Astérie incubatrice a été étudié avec beaucoup de soin par Perrier : c'est l'*Asterias spirabilis*, recueillie par la mission du cap Horn. Comme les jeunes que j'ai eu en mains sont tous au même stade, mes observations sur le développement de l'*A. tenera* sont forcément très sommaires ; je me contenterai de décrire le squelette de ces jeunes individus, — squelette qui ressemble d'ailleurs

beaucoup à celui que Perrier a décrit chez l'*Asterias spirabilis*, — et
d'étudier les relations de ces jeunes avec le cordon ombilical.

Le squelette ambulacraire (Pl. IV, fig. 41) comprend une douzaine de
paires de plaques ambulacraires disposées très régulièrement les unes
à la suite des autres et séparées par des intervalles réguliers : ces pièces
diminuent de longueur et s'amincissent à mesure qu'on se rapproche de
l'extrémité du bras. Elles ont une forme allongée et sont épaissies vers
l'extrémité interne ou radiale. La première pièce de chaque série, un peu
plus forte et plus épaisse que la voisine, quitte l'alignement régulier de la
série et s'infléchit latéralement vers sa congénère du bras voisin pour
constituer la dent ; mais ce changement de position ne fait que com-
mencer, et les deux pièces ne sont pas encore accolées l'une à l'autre
comme elles le seront plus tard. Je ne distingue pas l'odontophore. En
dehors de la série des plaques ambulacraires, on reconnaît les plaques
adambulacraires, sous forme de pièces cubiques alternant avec les ambulacraires. Toutes ces pièces sont dépourvues de piquants, et leur tissu est
constitué par un réseau calcaire assez compact.

Le squelette dorsal comprend d'abord, au centre du disque, un certain
nombre de plaques minces, formées d'un réseau calcaire lâche et délicat,
portant chacune un piquant. On reconnaît toujours une plaque plus
grosse que les autres, placée au voisinage du centre, et un certain nombre
d'autres plaques plus petites et disposées sans ordre ; on peut bien
distinguer des plaques radiales et interradiales, mais il n'y a pas d'alternance régulière entre elles. La situation et le nombre de ces plaques varie
d'ailleurs avec les échantillons. Sur la face dorsale des bras, on retrouve
des plaques analogues et pourvues d'un piquant, mais toujours disposées
sans ordre régulier.

Sur les côtés des bras, une double rangée de plaques régulièrement
alignées, mais non contiguës, représente les plaques marginales dorsales
et ventrales ; ces plaques, minces et arrondies, ressemblent aux plaques
dorsales, mais elles sont de taille plus régulière, et le piquant qu'elles
portent est plus grand. Ces piquants se disposent très régulièrement sur
les côtés des bras, parallèlement les uns aux autres. Enfin les bras
offrent à leur extrémité une plaque terminale, grande et élargie trans-

versalement, qui porte une demi-douzaine de piquants un peu plus grands que les piquants latéraux. Tous ces piquants sont formés d'un réseau calcaire dont les mailles sont parallèles à leur grand axe, et ils se terminent par quelques pointes allongées et fines.

Nous devons à Perrier d'intéressants renseignements sur ce curieux « cordon ombilical », qui fournit des ramifications à l'extrémité desquelles sont appendus les jeunes et qui les rattache à la mère. Il a reconnu que ce cordon « est simplement formé par un diverticule des parois du corps (du jeune), dans lequel pénètre un cordon fibreux se reliant lui-même au plancher fibreux qui supporte l'anneau ambulacraire. Les fibres ne forment pas une masse compacte ; elles vont se rattacher, en divergeant, aux parois du cordon et comprennent entre elles un assez grand nombre de corpuscules vitellins. Un épithélium épais, formé de minces et longues cellules, constitue à lui seul la paroi du cordon. Cet épithélium est recouvert à l'extérieur d'une cuticule ». Je puis confirmer ces observations de Perrier ; la seule différence que je constate chez l'*Anasterias tenera* est l'absence de cette cuticule signalée chez l'*Asterias spirabilis*.

Je donne ici (fig. 27) un dessin représentant la coupe transversale du cordon, dont les parois sont plus ou moins fortement plissées ; on reconnaît cet épithélium très haut et le tissu conjonctif lâche signalés par Perrier : en certains points, surtout dans les portions du cordon voisines de la jeune Astérie, on remarque des lacunes plus ou moins nombreuses. L'examen de séries de coupes, soit transversales, soit longitudinales, m'a montré qu'il y avait une continuité parfaite de tissus entre le cordon et la jeune Astérie ; les lacunes du cordon s'ouvrent dans la cavité générale de l'Astérie, entre la paroi ventrale du sac stomacal et la face ventrale du corps ; le tissu conjonctif se continue avec le tissu conjonctif du corps, et l'épithélium du cordon passe à l'épithélium de la face ventrale du corps de la jeune Astérie.

Il est évident que des relations aussi intimes ne se sont point créées secondairement. Le cordon ombilical est donc bien une formation fœtale, et ce sont ses relations avec la mère qui se sont établies secondairement. Perrier, après avoir fait remarquer que le cordon ombilical s'insérait toujours au voisinage de la bouche et dans un interradius, a insisté sur la ressemblance de ce cordon avec un appendice de la Brachiolaire. « C'est donc, dit-il, par une région du corps correspondant aux appendices de la Brachiolaire que nos jeunes *Asterias* adhèrent à leur mère. » Je renvoie au mémoire de Perrier pour les considérations qu'il tire, au point de vue phylogénétique, de cette constatation.

Quant à la manière dont le cordon ombilical se fixe au corps de la mère, Perrier n'a pu la déterminer exactement, et je n'ai pu faire aucune observation sur ce point, n'ayant pas osé dissocier la seule couvée en place que j'avais à ma disposition. Perrier a reconnu que le pédoncule se relie « à une membrane provenant du corps maternel, qui a l'aspect plissé de la membrane stomacale de l'*Asterias* adulte ». Cette membrane ferait ainsi hernie à l'extérieur. Il est donc vraisemblable que c'est par l'intermédiaire du sac stomacal que les jeunes Astéries sont mises en communication avec leur mère ; mais la question ne pourra être résolue définitivement qu'à la condition de pouvoir étudier quelques exemplaires d'Astéries en état de gestation.

Diplasterias Turqueti nov. sp.
(Pl. II, fig. 17 ; Pl. IV, fig. 39.)

Ile Booth-Wandel. Six exemplaires.

Dans le plus grand individu, $R = 100$, $r = 20$ millim. ; les bras ont 21 millim. de largeur à la base ; dans un autre individu, $R = 83$, $r = 20$ millim., et les bras ont 21 millim. à la base. Les autres échantillons sont moins grands : dans le plus petit, $R = 54$ et $r = 12$ millim.

La face dorsale du disque et des bras est couverte de pustules entre lesquelles se trouvent des papules isolées ou réunies par petits groupes, de telle sorte que l'apparence extérieure rappelle beaucoup celle de l'*Anasterias tenera*. Toutefois les pustules sont moins développées, moins épaisses, plus basses et plus irrégulières que dans cette dernière espèce. Quelques-unes d'entre elles offrent, en leur milieu, un petit piquant, mais de tels piquants sont rares, et leur nombre, toujours peu élevé, varie avec les échantillons. Les pustules renferment quelques

pédicellaires croisés, à peine différents par leur taille et par leurs caractères, de ceux de l'*Anasterias tenera*.

Si l'on enlève les parties molles par un traitement à la potasse, ou
simplement qu'on fasse dessécher l'Astérie, on reconnaît un squelette
formé d'ossicules disposés en réseau et rappelant celui d'autres *Diplasterias*; mais ces ossicules sont très minces et très lâchement unis, et,
lorsqu'on les traite par la potasse, ils se dissocient avec la plus grande
facilité; aussi leur ensemble est-il très peu rigide. Ceci explique pour-
quoi les exemplaires conservés dans le formol sont tout aussi facilement
déformables que les *Anasterias tenera*, qui sont totalement dépourvues
de squelette réticulé.

A la limite de la face ventrale et de la face latérale des bras, on observe
(Pl. II, fig. 17) une double rangée de piquants qui s'étend sur toute la
longueur des bras. Les deux piquants correspondant de chaque rangée
sont très rapprochés l'un de l'autre en un petit groupe oblique. Ces
piquants sont épais, obtus à l'extrémité, ordinairement cylindriques, parfois un peu aplatis; ils sont courts, leur longueur ne dépassant guère celle
des piquants ambulacraires. Chaque groupe de deux piquants est entouré
à la base d'une collerette renfermant de nombreux pédicellaires croisés
et correspond à trois piquants ambulacraires environ. Entre cette double
rangée de piquants et les piquants ambulacraires, s'étend une bande assez
étroite, dépourvue de piquants et où se trouvent d'assez grosses papules
isolées et assez régulièrement espacées (Pl. IV, fig. 39); çà et là se montrent en outre quelques pédicellaires droits, mais ils sont peu abondants.

Au-dessus de la double rangée de piquants latéro-ventraux, s'étend
une bande qui, à la base des bras, mesure 4 ou 5 millimètres de hauteur et qui se rétrécit à mesure qu'on se rapproche de l'extrémité du
bras. Cette bande est occupée par des papules petites et assez serrées.
En dehors, vient une rangée unique de piquants latéraux, identiques aux
piquants latéro-ventraux et, comme eux, entourés d'une collerette très
développée renfermant des pédicellaires; ces piquants sont presque
exactement superposés aux piquants latéro-ventraux.

Les piquants ambulacraires sont cylindriques, obtus à l'extrémité qui
n'est pas élargie et assez développés; les piquants externes, qui sont un

peu plus grands que les internes, mesurent 3 millimètres de longueur.

Le sillon ambulacraire n'est pas très large, et les tubes ambulacraires, plutôt petits, forment quatre rangées un peu irrégulières. On ne rencontre dans le sillon qu'un petit nombre de pédicellaires droits, placés à des distances variables les uns des autres ; leur taille varie également, et les plus grands ont un peu plus de 1 millimètre de longueur environ ; ils sont identiques à ceux de l'*Anasterias tenera*.

La plaque madréporique est petite, assez apparente, un peu plus rapprochée du bord que du centre du disque.

La couleur des exemplaires dans le formol est blanche.

La *Diplasterias Turqueti* est peut-être une espèce incubatrice, car quelques individus sont fixés dans l'attitude incubatrice, le disque relevé et la base des bras rapprochée ; mais aucun d'eux n'est en gestation.

RAPPORTS ET DIFFÉRENCES. — Par ses téguments couverts de pustules et l'absence presque complète de piquants sur la face dorsale du disque et des bras, la *D. Turqueti* s'éloigne des autres *Diplasterias* connues, et je ne vois pas d'espèce dont on pourrait la rapprocher.

J'ai fait remarquer plus haut que la *D. Turqueti* avait le même faciès que l'*Anasterias tenera* ; c'est un exemple intéressant de convergence entre deux formes ayant une constitution très différente.

Diplasterias papillosa nov. sp.
(Pl. I, fig. 2 à 5 ; Pl. II, fig. 18 et 19.)

Ile Moureau. Un exemplaire.

Deux autres exemplaires, sans indication de station, portent respectivement les n°ˢ 579 et 787.

Dans le plus grand individu, qui porte le n° 579, $R = 30$ et $r = 79$ millim. ; dans celui de l'île Moureau, $R = 30$ et $r = 7$ millim. ; dans le dernier échantillon, $R = 12$ et $r = 5$ millim.

Le disque et les bras sont hauts et épais. Dans les deux plus petits exemplaires, les brsa sont cylindriques, avec la face dorsale convexe ; dans le plus grand, cette face est déprimée. mais il semble bien que, chez l'animal vivant, les bras devaient être cylindriques. Dans ce dernier exemplaire, les bras s'amincissent graduellement jusqu'à l'extrémité, qui se termine en pointe obtuse; dans les autres, les bras conservent presque la même largeur jusqu'à une très petite distance de l'extrémité, qui est plus obtuse.

Toute la surface du corps est couverte de formations papilliformes dressées, contiguës et serrées, les unes coniques et terminées en pointe obtuse, les autres aplaties ou prismatiques et plus ou moins déformées par pression réciproque; leur longueur dépasse 1 millimètre. Ces formations ressemblent à des papilles qui, tout en étant assez molles, offrent cependant une certaine élasticité. Quand on les examine au microscope, surtout après traitement à la potasse (Pl. II, fig. 18), on reconnaît dans l'axe de chacune d'elles une tige étroite et mince, formée d'un tissu calcaire réticulé, offrant sur les bords et vers l'extrémité quelques pointes aiguës. La tige calcaire est complètement enveloppée par le tissu de la papille.

Lorsque les papilles sont aplaties, on peut même distinguer l'axe calcaire à la loupe. Il s'agit donc ici de piquants papilliformes et non pas de simples papilles.

Entre ces piquants se montrent quelques papules rares et isolées.

Les piquants papilliformes s'étendent uniformément sur les faces latérales et ventrales, mais sans présenter aucune disposition régulière ni aucun alignement. Ceux qui avoisinent les piquants ambulacraires sont un peu plus grands que les voisins, et leur disposition est plus régulière. Vers la base des bras, on remarque, entre eux et la rangée externe de piquants ambulacraires, un espace triangulaire très étroit, où le tégument est nu et très finement plissé. Je n'ai rencontré aucun pédicellaire, ni sur cet espace, ni entre les piquants.

Le tégument qui porte les piquants papilliformes est mou et flexible, assez mince et déformable; il n'offre pas la moindre trace de squelette, et l'on ne retrouve même pas un pentagone dorsal, comme chez les *Anasterias*. Cependant, en traitant un morceau de ce tégument par la potasse, j'ai reconnu, à la base des piquants, de petits îlots microscopiques de calcaire réticulé. Le squelette proprement dit est donc limité au sillon ambulacraire.

Les piquants ambulacraires sont disposés sur deux rangées très régulières ; les piquants externes et les piquants internes sont de même taille. Ces piquants sont épais, cylindriques ou légèrement prismatiques par pression réciproque, avec l'extrémité élargie et obtuse ; ils sont entourés d'une enveloppe molle et représentent, eux aussi, des piquants papilliformes; mais la tige calcaire est plus forte que sur les autres : vue au microscope, elle offre une forme en massue, avec quelques pointes sur les bords et à l'extrémité (fig. 19).

La plaque madréporique n'est pas distincte.

Dans le plus grand échantillon que j'ai ouvert, les organes génitaux ne sont pas développés.

RAPPORTS ET DIFFÉRENCES. — Les exemplaires sont peut-être des jeunes qui n'ont pas encore acquis leurs caractères définitifs. L'absence de tout squelette dorsal sur le disque et sur les bras nécessiterait peut-être leur classification dans un genre à part; mais il faudrait être certain des caractères de l'adulte. J'ai donc rangé cette espèce dans le genre *Diplasterias*, où elle peut se placer sans inconvénient, au moins provisoirement, en raison de la disposition de ses piquants ambulacraires.

Je crois qu'il faut aussi rapporter à la *D. papillosa* un échantillon portant le n° 589, dans lequel $R = 17$ et $r = 5$ millimètres (Pl. I, fig. 5). Les bras sont comparativement plus minces que dans les exemplaires types : ils sont cylindriques et se rétrécissent très progressivement jusqu'à l'extrémité, qui est obtuse. L'aspect extérieur de cet exemplaire est assez différent de celui des trois autres échantillons, et, au premier abord, on croirait avoir affaire à une autre espèce. Cela tient à ce que les piquants papilliformes ressemblent à de vrais piquants et non à des papilles, le tissu mou qui les recouvre étant mince au lieu d'être épais et large comme dans les autres ; mais il n'y a là qu'une différence du plus au moins qui ne saurait justifier une séparation spécifique.

BRISINGIDÉES

Labidiaster radiosus Lütken.

Voir pour la bibliographie : Ludwig, *Résultats du voyage du « S. Y. Belgica »*, Seesterne, p. 58.

Un très bel exemplaire portant le n° 044.

Cet échantillon est superbe et admirablement conservé ; tous les bras sont entiers. Le disque dépasse 50 millimètres de diamètre ; les bras, au nombre de quarante-six, sont inégaux : les plus grands ont une longueur de 16 centimètres.

CRYASTÉRIDÉES nov. fam.

(Pl. I, fig. 1 ; Pl. II, fig. 10.)

Cryaster nov. gen.

Disque et bras très épais et hauts, couverts d'un tégument épais et mou, absolument dépourvu de squelette et portant seulement de petits piquants courts. Le squelette est réduit aux plaques ambulacraires et adambulacraires : celles-ci portent des piquants disposés en trois rangées. Les dents sont terminées par quelques piquants semblables aux piquants ambulacraires. Les tubes ambulacraires sont disposés soit en deux, soit en trois ou quatre séries irrégulières ; ils sont terminés par une ventouse large et aplatie. La plaque madréporique est très grande. Un anus.

Le genre *Cryaster* ne peut rentrer dans aucune famille connue de *Cryptozonia*. On pourrait le rapprocher des Échinastéridées, mais la réduction considérable du squelette ne permet pas de le placer dans cette famille, et il me paraît nécessaire d'en faire le type d'une famille nouvelle, les Cryastéridées, dont les caractères sont actuellement ceux du genre *Cryaster* et qui pourra se placer parmi les *Cryptozonia* à côté des Échinastéridées.

Cryaster antarcticus nov. sp.

Quatre exemplaires portant le n° 758.

Deux des échantillons ont cinq bras égaux, un autre a cinq bras inégaux, et le quatrième a six bras égaux.

Dans l'un des exemplaires à cinq bras, $R = 140$ et $r = 54$ millim.; les bras ont environ 55 millim. de largeur à la base, et la hauteur du disque atteint 26 millim. L'autre exemplaire à cinq bras a été desséché : il avait à peu près la même taille que le précédent, mais ses dimensions se sont considérablement réduites par suite de la dessiccation et actuellement $R = 80$ et $r = 29$ millim., et les bras ont une largeur de 28 à 30 millim. à la base.

Dans l'exemplaire à cinq bras inégaux, trois bras sont normaux et deux sont rudimentaires : $R = 125$ à 140 et $r = 47$ millim. La largeur des bras à la base varie entre 42 et 50 millim. L'un des bras rudimentaires a la forme d'un moignon très court, triangulaire, ayant environ 40 millim. de longueur sur une largeur de 50 millim. à la base; l'autre bras est très mince : il n'a guère que 18 millim. de largeur à la base sur une longueur de 25 millim. et il ressemble à l'extrémité d'un bras normal.

Dans l'échantillon à six bras, $R = 110$ et $r = 40$ millim.

Dans les échantillons à cinq bras, le disque est extrêmement épais, comme charnu, et sa surface est plissée ; les bras sont très larges à la base et sans ligne de démarcation bien précise avec le disque : ils s'amincissent assez rapidement jusque vers le tiers de leur longueur, puis, au delà, l'amincissement devient plus progressif ; l'extrémité est obtuse, et, vers cette extrémité, les bras mesurent 1 centimètre de large.

Dans l'exemplaire à six bras, le disque est moins épais et moins mou ; les bras sont comparativement moins élargis à la base, et ils sont mieux séparés du disque ; ils s'amincissent assez régulièrement depuis la base jusqu'à l'extrémité, et, d'une manière générale, ils sont plus grêles que dans les individus à cinq bras.

Tout l'animal est couvert d'un tégument mou et épais, qui se laisse facilement déprimer et déformer, surtout dans les exemplaires à cinq bras. Il n'y a pas la moindre trace de squelette dorsal. De petits piquants courts et obtus, assez serrés, sont implantés dans ce tégument, et ils ne font qu'une légère saillie à la surface, environ un demi-millimètre sur les exemplaires au formol ; au toucher, ils donnent la sensation d'un velours rude. Pour bien les voir, il faut les examiner sur l'échantillon desséché, dans lequel ils sont mieux dégagés des téguments et offrent à peu près 1 millimètre de longueur. Ils sont serrés et irrégulièrement disséminés, tantôt isolés, tantôt formant de petits groupes de trois à quatre ; ils deviennent un peu plus serrés vers le bord du disque et des bras. Sur la face ventrale, ils se montrent plus régulièrement groupés par petits paquets, et ils arrivent même à former des rangées longitudinales et obliques assez distinctes sur l'échantillon à six bras ; chez les autres, ces rangées sont moins apparentes ; cependant on distingue assez nettement deux ou trois rangées immédiatement en dehors des piquants ambulacraires. Dans ce même exemplaire à six bras, on reconnaît, en outre, d'une manière très nette, une rangée assez régulière de piquants plus grands que les autres et disposés en petits groupes de cinq ou six, mais plus espacés que les autres groupes de la face ventrale. Cette rangée est située à une distance de 7 à 8 millimètres du fond de l'arc interbrachial, et elle se rapproche davantage du bord à mesure qu'on s'avance vers l'extrémité du bras. Elle est beaucoup moins nette dans les individus à cinq bras, et, en certains points même, elle est absolument indistincte.

Des groupes de piquants un peu plus grands que les voisins entourent l'anus, qui est très distinct et subcentral. On remarque aussi des piquants un peu plus forts au pourtour de la plaque madréporique. Enfin on rencontre assez fréquemment des groupes de deux piquants un peu plus développés que les autres et mieux dégagés des téguments ; ces piquants sont légèrement recourbés l'un vers l'autre, et ils représentent en quelque sorte des pédicellaires didactyles.

Tous ces piquants sont cylindriques, obtus à l'extrémité, qui, au microscope, se montre garnie de très fines aspérités.

Entre les piquants, on observe des papules isolées et assez grosses.

La plaque madréporique est très grande et saillante : sa forme est ovalaire ; dans le plus grand exemplaire à cinq bras, elle mesure 14 millimètres sur 12 et, dans l'individu à six bras, 10 sur 12. Elle offre à sa surface des sillons fins et peu profonds, irrégulièrement radiaires, et elle est morcelée en plusieurs pièces par quelques autres sillons beaucoup plus profonds.

Il n'y a aucune trace de plaques sur la face dorsale ni sur la face latérale du disque et des bras, et les formations squelettiques sont limitées au sillon ambulacraire. J'ai indiqué plus haut la rétraction considérable qu'un individu avait subie par suite de la dessiccation : le tégument dorsal est venu s'appliquer contre le tégument ventral, et le rétrécissement subi par les bras montre bien qu'aucune formation calcaire n'a maintenu les tissus en place.

Le sillon ambulacraire est très large, surtout dans la moitié distale. Les tubes ambulacraires sont très gros et larges, terminés par une large ventouse plissée ; ils forment quatre rangées irrégulières dans les échantillons à cinq bras, tandis que dans l'individu à six bras ils sont plus réguliers et tendent à prendre une disposition bisériée.

Les piquants ambulacraires forment trois rangées : la rangée interne comprend un piquant très développé, d'une longueur de 4 millimètres, aplati et élargi à l'extrémité ; la rangée moyenne n'offre le plus souvent qu'un seul piquant, parfois deux : ces piquants sont plus petits que les précédents et cylindriques ; enfin la rangée externe renferme habituellement deux petits piquants courts et obtus.

Les dents offrent à leur extrémité quatre ou cinq grands piquants, généralement dressés, aplatis, avec l'extrémité obtuse ; les deux médians sont plus grands que les autres. Ces piquants continuent directement la rangée interne de piquants ambulacraires.

La coloration générale des exemplaires est gris foncé avec des taches blanches ; les piquants ont l'extrémité blanche.

OPHIURES

Ophioglypha innoxia nov. sp.
(Pl. I, fig. 7 et 8.)

Un seul exemplaire portant le n° 873.

Diamètre du disque, 6 millim. ; les bras ont environ 16 millim. de long.

La face dorsale du disque offre des plaques très inégales, parmi lesquelles on reconnaît d'abord une très grosse plaque centro-dorsale arrondie, et, à une assez grande distance, cinq plaques radiales également arrondies et plus petites ; dans l'intervalle de ces plaques, mais séparées d'elles par des plaques beaucoup plus petites, on distingue un cercle intercalaire de cinq plaques interradiales plus petites que les radiales. Dans chaque espace interradial, on remarque en outre une autre plaque arrondie, placée en dehors de la précédente et enfin, vers le bord du disque, une plaque élargie transversalement. Tout le reste de la face dorsale du disque est couvert de plaques beaucoup plus petites, polygonales ou arrondies, assez inégales. Les boucliers radiaux sont petits, triangulaires, avec les angles arrondis, divergents et largement séparés par plusieurs rangées de plaques, parmi lesquelles il s'en trouve une plus grande que les autres ; leur longueur est égale au cinquième du rayon du disque. Les papilles radiales sont petites, mais bien séparées, coniques, avec la pointe émoussée.

La face ventrale est couverte de plaques assez grandes, minces et imbriquées. Les fentes génitales, larges, offrent une bordure de courtes papilles coniques.

Les boucliers buccaux sont grands, pentagonaux, plus longs que larges, avec un angle proximal assez ouvert, des bords latéraux légèrement excavés par le fond des fentes génitales et un bord distal arrondi. Les plaques adorales sont très allongées, quatre fois plus longues que larges, se rétrécissant d'abord dans leur tiers externe, puis s'élargissant en dehors et séparant le bouclier buccal de la première plaque brachiale latérale. Les plaques orales sont petites et arrondies. Les papilles buccales latérales sont au nombre de trois : elles sont petites et coniques, l'interne un peu plus grande ; la papille terminale impaire est plus forte et conique.

Les plaques brachiales dorsales, de moyenne grosseur, sont quadrangulaires, avec le bord distal convexe et plus large que le côté proximal, qui est droit ; les côtés latéraux sont divergents. Elles sont d'abord plus larges que longues, et elles deviennent ensuite plus longues que larges ; elles sont toutes contiguës.

La première plaque brachiale ventrale est assez grande, triangulaire ; les deux suivantes sont plus grandes, avec un angle proximal aigu et un bord distal convexe et large. Les suivantes deviennent plus petites, avec l'angle proximal obtus et le bord distal large et convexe. Elles sont séparées dès la première.

Les plaques latérales portent trois piquants longs, pointus et minces ; le piquant dorsal est le plus long, et, à la base des bras, sa longueur est égale à deux articles.

Les pores tentaculaires de la première paire sont grands, et ils offrent cinq écailles sur chaque bord ; les suivants ont trois écailles internes et deux écailles proximales ; les pores de la troisième paire, très petits, n'ont qu'une seule écaille proximale et une distale ; les pores suivants ne portent plus qu'une seule écaille assez grande, conique et obtuse.

RAPPORTS ET DIFFÉRENCES. — L'*O. innoxia* appartient aux *Ophioglypha* à papilles radiales coniques et pointues et à plaques brachiales ventrales larges et courtes : elle se distingue facilement par ses trois grands piquants brachiaux. Elle rappelle l'*O. Sarsi* des mers arctiques par ses piquants et par la forme des boucliers buccaux, mais elle ne peut pas être confondue avec cette espèce.

Ophionotus Victoriæ J. Bell.

J. Bell, *Echinoderma*, in *Report on the collections of Natural History made in the Antarctic Regions during the voyage of the Southern Cross*, p. 216, Pl. XXVIII.

Ile Anvers. 30 mètres. Un exemplaire.
Ile Wandel. 20 mètres. Plusieurs exemplaires.

Cette Ophiure, remarquable par la fragmentation des plaques brachiales latérales, a été étudiée en détail par Bell, à la description duquel je n'ai rien à ajouter.

ÉCHINIDES

Arbacia Dufresnii (Blainville).

Voir pour la bibliographie : De Loriol, *Notes pour servir à l'étude des Échinodermes*, 2ᵉ série, fasc. II, p. 8, Pl. II, fig. 2-5.

Ile Booth-Wandel. Un exemplaire de 40 millim. de diamètre.

Cette espèce vient d'être décrite et figurée avec beaucoup de soin par de Loriol, et je n'ai rien à ajouter à son excellente étude. J'aurais voulu profiter de l'exemplaire que j'avais en mains pour étudier les pédicellaires, qui sont peu ou pas connus ; malheureusement cet échantillon était conservé dans le formol, et ce liquide avait altéré le tissu calcaire des valves au point de rendre leur étude impossible.

Echinus magellanicus Philippi.

Voir, pour la bibliographie, le travail de M. de Loriol cité ci-contre, p. 13, Pl. I, fig. 6-7.

Ushuaya (Terre-de-Feu). Trois petits exemplaires.

Dans le plus grand, le diamètre ne dépasse pas 12 millimètres.

L'*E. magellanicus* a été étudié tout récemment par de Loriol, à la description duquel je renvoie. Ce savant a notamment discuté la synonymie de cette espèce et montré que, contrairement à l'opinion de Mortensen, l'*E. magellanicus* était une espèce parfaitement distincte et bien différente à la fois des *Echinus magaritaceus* et *Sterechinus antarcticus*. Les différences qui séparent l'*E. magellanicus* des autres *Echinus* sont assez marquées pour que Döderlein ait pu récemment proposer de faire de cet *Echinus* le type d'un nouveau genre, qu'il appelle *Notechinus* (*Zool. Anz.*, 1905, p. 623).

Echinus margaritaceus Lamarck.
(Pl. I, fig. 9 ; Pl. III, fig. 29 et 30 ; Pl. IV, fig. 40 et 43.)

Voir pour la bibliographie :

Meissner, *Echinoideen Hamburger Magalhaensiche Sammelreise*, 1900, p. 11, qui donne la bibliographie jusqu'en 1900.

Mortensen, *Echinoidea*. I. *The Danish Ingolf Expedition*. Copenhagen, 1903, p. 101 et 177, pl. XIX, fig. 3, 29 et 33.

J. Bell, *Echinoderma*, in *Report on the collections made in the Antarctic regions during the voyage of the Southern Cross*, 1903, p. 219.

De Loriol, *Notes pour servir à l'étude des Échinodermes*, 2ᵉ série, fasc. II, 1904, p. 17.

Ile Booth-Wandel. Nombreux exemplaires.

La plupart des échantillons ont un diamètre de 45 à 50 millim. ; quelques-uns atteignent 55 millim. ; dans deux individus, très petits, le diamètre ne dépasse pas 16 et 20 millimètres.

L'exemplaire original d'après lequel ont été dessinées les figures représentées dans le Voyage autour du monde de la « Vénus » (*Zoophytes*, Pl. VI, fig. 1) n'existe plus au Muséum d'histoire naturelle. Mortensen a déjà dit qu'il l'avait recherché en vain. A ma demande, M. le professeur Joubin a bien voulu faire de nouvelles recherches, qui sont également restées sans résultat. La description que Lamarck a donnée de l'*Ech. margaritaceus* est trop sommaire pour qu'il soit possible de reconnaître l'espèce ; les dessins du Voyage de la Vénus sont

eux-mêmes insuffisants. La description d'Agassiz (*Revision of the Echini*,
p. 493), sans être très détaillée, a fixé certains points très caractéristiques
de l'*E. margaritaceus* : c'est cette description, appuyée d'une photographie donnée par le même auteur dans le voyage du « Hassler » (*Zool.
Results of the « Hassler » Expedition*, Pl. II, fig. 6 (1), qui doit servir de
point de départ pour les discussions et les comparaisons.

Agassiz attribue notamment à l'*E. margaritaceus* les caractères suivants : Il ressemble à l'*E. elegans*, et il a un gros périprocte ; mais
les plaques génitales sont étroites ; elles portent chacune trois petits
tubercules près du bord anal. Les plaques coronales ne sont pas hautes.
La rangée principale de tubercules interambulacraires est petite ; le
reste des plaques est couvert de tubercules secondaires portant des
piquants courts et fins, formant comme un réseau duquel s'élèvent les
piquants primaires, qui tranchent sur les autres par leur longueur ; dans
l'intervalle, tout le test est couvert de très gros pédicellaires.

Tous ces caractères s'appliquent parfaitement aux Oursins de l'expédition Charcot.

La description d'Agassiz étant un peu courte et l'*E. margaritaceus*
ayant été, en ces derniers temps, l'objet d'interprétations erronées,
il ne me paraît pas inutile de le décrire ici à nouveau.

Le test, régulièrement arrondi, est assez haut ; dans les exemplaires
de grande taille, il est comparativement un peu déprimé. Ainsi sa hauteur
est de 30 millimètres dans des individus dont le diamètre atteint 50 et
55 millimètres, et elle est de 25 millimètres dans des individus mesurant
40 millimètres de diamètre. Les aires ambulacraires sont assez larges ;
chaque plaque porte un tubercule primaire avec des tubercules secondaires et miliaires assez serrés. Les tubercules primaires restent toujours
un peu plus petits que les tubercules interambulacraires correspondants.
Dans un individu ayant 40 millimètres de diamètre, je compte dix-huit
de ces tubercules, et vingt-deux dans un exemplaire de 55 millimètres.

(1) Je ne mentionne pas ici la photographie publiée par Agassiz. Pl. III, fig. 4, et qui représente-
rait un *Ech. margaritaceus* de petite taille. Il me paraît évident qu'il y a eu une erreur dans l'ex-
plication des Planches et que cette photographie se rapporte, non à l'*Ech. margaritaceus* mais à
l'*Ech. magellanicus*.

Dans certains échantillons, ces tubercules ne se montrent que de deux en deux plaques au-dessus de l'ambitus, tandis que chez d'autres leur disposition est bien régulière.

Les plaques interambulacraires offrent, vers leur milieu, un tubercule primaire unique et qui n'arrive jamais à de grandes dimensions ; le reste de la plaque est couvert de tubercules secondaires et miliaires, qui disparaissent avant d'avoir atteint le bord interambulacraire, de sorte que le milieu des zones interambulacraires forme une bande nue, mais qui est plus étroite que ne semble l'indiquer Agassiz. Vers l'ambitus, on voit apparaître deux séries de tubercules qui deviennent presque aussi gros que les tubercules primaires : l'une se trouve en dedans, l'autre en dehors de la rangée principale. Ces deux rangées accessoires se continuent vers le péristome, mais sans l'atteindre. Je compte dix-sept plaques interambulacraires dans chaque série sur des exemplaires ayant de 40 à 45 millimètres de diamètre.

Le périprocte est très grand, souvent irrégulièrement circulaire et garni de petites plaques subégales, devenant plus petites seulement autour de l'anus. La plaque centro-dorsale est absolument indistincte dans les exemplaires de moyenne taille et même dans ceux dont le diamètre n'est pas inférieur à 30 millimètres. On ne peut la reconnaître que dans de petits individus comme ceux que j'ai représentés (Pl. III, fig. 30 *f* et *g*). Les plaques génitales ne sont pas très grandes : elles sont triangulaires et terminées par un sommet pointu. Dans les exemplaires de petite et de moyenne taille, elles offrent vers leur bord anal une rangée de trois tubercules principaux, ainsi que l'a indiqué Agassiz ; à ces trois tubercules s'en ajoutent quelques autres beaucoup plus petits ; mais, sur les grands individus, cette disposition est moins constante, et l'on trouve le plus souvent quatre ou cinq tubercules vers la base des plaques. Les orifices génitaux sont assez grands. La plaque madréporique est grande et saillante.

Les plaques ocellaires sont petites. J'ai étudié sur plusieurs exemplaires de différentes dimensions les dispositions relatives de ces plaques et des plaques génitales, et voici ce que j'ai observé. Dans la plupart des exemplaires, deux plaques ocellaires touchent au périprocte, et les trois autres en sont séparées par les plaques génitales. Mais, ainsi qu'on peut s'en assurer sur les dessins que je donne de l'appareil apical dans plusieurs individus, ce ne sont pas toujours les mêmes plaques qui sont exclues du périprocte : en général, les deux plaques qui sont contiguës à la plaque madréporique sont éloignées du périprocte (Pl. III, fig. 30 b, c, e et g, et Pl. IV, fig. 40) ; cependant, dans certains exemplaires (fig. 30 a, d et f), l'une de ces plaques touche au périprocte. Un échantillon dont le diamètre n'a que 20 millimètres, comme celui que j'ai représenté figure 30 f, et dans le périprocte duquel on peut encore reconnaître la plaque centro-dorsale, présente deux plaques ocellaires contiguës au périprocte. Dans un individu dont le diamètre est de 16 millimètres seulement (fig. 30 g), le plus petit de la collection, une seule plaque ocellaire touche au périprocte. Dans de très grands échantillons dont le diamètre atteint 55 millimètres, comme ceux que j'ai représentés figure 30 a et figure 40, il y a tantôt deux, tantôt trois plaques ocellaires contiguës au périprocte.

Dans aucun exemplaire, les cinq plaques ocellaires ne sont contiguës au périprocte comme cela arrive dans le *Sterechinus antarcticus*. De même, je n'ai jamais vu les cinq plaques ocellaires exclues du périprocte, ainsi que le représentent les dessins du voyage de la « Vénus », sur lesquels le périprocte est aussi un peu trop petit. Je me demande s'il n'y a pas eu là une erreur du graveur. Quant à la photographie publiée par Agassiz dans le voyage du « Hassler » (Pl. II, fig. 6), je ne puis pas reconnaître avec certitude les contours de toutes les plaques ocellaires : celles que je distingue sont exclues du périprocte.

Le péristome est de taille moyenne ; il mesure 27 millimètres dans un individu dont le diamètre est de 53 millimètres et 11 dans un individu de 32 millimètres. Les entailles péristomiennes sont peu profondes. La membrane buccale (Pl. IV, fig. 43 a, c) offre un cercle de dix plaques buccales ovalaires, portant de petits tubercules. En dedans de ce cercle, on voit de nombreuses petites plaques fenêtrées, serrées les unes contre les autres. En dehors de ce cercle, on reconnait sur les échantillons de petite et de moyenne taille, un nombre variable de plaques arrondies, généralement rapprochées par petits groupes, dont les plus grandes sont contiguës aux plaques buccales ou en sont très voisines (fig. 43 *b* et *c*). Ces plaques externes ne sont constantes ni comme nombre, ni comme taille, et elles paraissent se résorber chez les grands échantillons, qui peuvent n'en offrir pour ainsi dire plus trace (fig. 43 *a*). Si l'on examine au microscope, et après traitement à la potasse, la partie de la membrane buccale située en dehors du cercle des plaques buccales, on y reconnait un certain nombre de petites plaques fenêtrées à tissu délicat et un nombre variable, mais toujours restreint, de corpuscules en C.

Les tubercules primaires portent de longs piquants grêles et minces, dont la longueur dépasse 15 millimètres à l'ambitus, et qui tranchent nettement sur les autres piquants, qui sont très courts et très petits, assez serrés et comme enchevêtrés. Cette différence dans les dimensions de ces deux sortes de piquants donne à l'*E. margaritaceus* un facies particulier et caractéristique, et qui apparait bien nettement sur la photographie d'Agassiz (« Hassler », Pl. II, fig. 6).

Les pédicellaires sont de quatre sortes. Les plus nombreux à beaucoup près, et les plus développés, sont des pédicellaires globifères de grande taille, qui se montrent au milieu des petits piquants qu'ils dépassent même : ces pédicellaires frappent immédiatement le regard par leur nombre et par leur taille. Leur tête mesure en moyenne $0^{mm},9$ de hauteur. Leurs valves présentent vers l'extrémité trois ou quatre pointes très développées ; une terminale et une ou deux sur chaque bord (Pl. III, fig. 29).

La deuxième forme de pédicellaires comprend des pédicellaires tridactyles, assez rares et de petite taille (Pl. I, fig. 9). Dans les plus grands, la longueur de la tête ne dépasse pas 1 millimètre ; les valves sont larges et contiguës sur la plus grande partie de leur longueur, et leurs bords paraissent lisses. Il y a enfin des pédicellaires ophicéphales et trifoliés, dont les têtes mesurent respectivement $0^{mm},36$ et $0^{mm},10$ de longueur.

Je ne puis malheureusement donner aucun détail sur la structure des valves de ces trois sortes de pédicellaires, pour la raison qui m'a déjà empêché d'étudier ceux de l'*Arbacia Dufresnii*. Le formol, dans lequel étaient conservés les Oursins, a attaqué le calcaire si délicat des valves des pédicellaires, et on ne peut plus en reconnaître que la forme extérieure. J'ai surtout regretté de ne pas pouvoir examiner les pédicellaires tridactyles. Quant aux pédicellaires globifères, les valves avaient encore conservé leur forme, mais il m'a semblé que cela tenait à ce qu'elles étaient soutenues par les parties molles : en détruisant ces dernières à l'eau de Javel, on voit ces valves se recroqueviller et se déformer.

La couleur des échantillons est tantôt brun clair ou grisâtre, tantôt brun foncé ou pourpre. Les grands piquants sont blancs ou rosés. Le test dépouillé de ses piquants est rosé ou rouge.

L'*E. margaritaceus* a donné lieu, en ces derniers temps, à des discussions qui ont eu pour point de départ certaines vues erronées de Mortensen sur la valeur et la synonymie de cette espèce. Dans son mémoire sur les Échinides de l'« Ingolf », que je considère d'ailleurs comme des plus remarquables et qui a fait faire un pas considérable à nos connaissances sur les Échinides, cet auteur est d'avis (p. 101) que l'Échinide recueilli par la « Belgica » dans l'Antarctique, et dont j'avais cru devoir faire le type d'un genre nouveau, le *Sterechinus antarcticus*, n'est autre chose que l'*E. margaritaceus*. Dans l'appendice qui termine ce mémoire, il revient sur cette manière de voir (p. 177), en reconnaissant, sur l'observation que lui a faite de Loriol, que les dessins représentant l'*E. margaritaceus* dans le voyage de la « Vénus » différaient complètement de ceux que j'avais publiés du *Sterechinus antarcticus*. Seulement il ajoute que les *Echinus magellanicus* et *margaritaceus* constituent une seule et même espèce, et que l'Oursin qu'il a étudié dans le cours de son mémoire, sous le nom d'*E. margaritaceus*, est l'*Echinus diadema*, espèce à laquelle le *Sterechinus antarcticus* doit être réuni.

Cette opinion a été vivement critiquée par de Loriol à propos de l'*E. magellanicus* : ce savant affirme que les *E. magellanicus* et *margaritaceus* sont bien deux espèces distinctes, et que le *Sterechinus antarcticus* est, de son côté, bien différent de l'*E. margaritaceus* (Voir de Loriol, *loc. cit.*, p. 17 et suiv.). C'est aussi ma manière

de voir ; mais, les questions soulevées par Mortensen étant assez com-
plexes, il me paraît nécessaire de les discuter à nouveau ici.

En ce qui concerne la synonymie admise par Mortensen des *E. margaritaceus* et *magellanicus*, la question me paraît complètement tranchée
maintenant : ce sont deux espèces absolument distinctes. De Loriol
a insisté sur leurs caractères différentiels, et ces différences sont même
assez considérables pour que Döderlein ait créé, tout récemment,
un genre spécial, le genre *Notechinus*, pour l'*E. magellanicus* : ce genre
est caractérisé par la présence de grandes plaques vers le bord du périprocte, par l'absence de plaques fenêtrées sur la membrane buccale,
par deux formes de pédicellaires globifères, etc., tous caractères qui
n'appartiennent pas à l'*E. margaritaceus* (Voir Döderlein, *Zool. Anz.*,
1905, p. 623).

L'*E. margaritaceus* (tel que le comprennent les auteurs et moi-même)
ne paraît pas devoir être maintenu dans le genre *Sterechinus*, où le ran-
geait Mortensen (en le confondant avec le *Sterechinus antarcticus*). Je
tiens, à ce propos, à revenir sur la valeur et les limites de ce genre. En
le créant, je l'ai défini par trois caractères principaux : l'étroitesse
de l'anneau formé par les plaques génitales et ocellaires, la persistance
chez l'adulte de la plaque centro-dorsale, qui se distingue des autres
plaques du périprocte par une taille beaucoup plus grande et enfin par
la hauteur des plaques coronales.

La validité de ces caractères a été contestée par Mortensen, et ce
savant a complètement modifié les limites que j'avais assignées au
genre *Sterechinus* afin de pouvoir y faire rentrer les *Echinus magellanicus*, *margaritaceus*, *Neumayeri* Meissner et *horridus* Agassiz. Or j'es-
time que les particularités du genre *Sterechinus*, tel que je l'ai établi,
sont parfaitement suffisantes pour caractériser un genre d'Échinide. En
ce qui concerne les plaques génitales et ocellaires, j'ai dit que l'anneau
formé par elles était très étroit : c'est sur ce caractère que je me suis
appuyé plus que sur la situation même des plaques ocellaires, toutes
contiguës au périprocte. Or la critique de Mortensen s'adresse au
caractère tiré de la situation des plaques ocellaires, qui ne saurait, à ses
yeux, constituer un caractère générique, parce que cette situation

change avec l'âge. Cette opinion est peut-être un peu trop absolue, mais je ne veux pas la discuter, car, je le répète, ce n'est pas la position de ces plaques qui, pour moi, caractérisait le genre *Sterechinus*, mais bien l'étroitesse du cercle génital. Cette étroitesse, comparée au diamètre du périprocte, est telle qu'on n'observe rien d'analogue chez aucun *Echinus*, et cette disposition me paraît toujours de nature à caractériser un genre.

En ce qui concerne la persistance chez l'adulte de la plaque centro-dorsale, Mortensen m'objecte que, cette plaque disparaissant à une époque variable au cours de la croissance, on ne saurait fonder sur sa présence chez l'adulte un caractère générique. Je considère cependant que la persistance de cette plaque dans le périprocte de l'adulte, sans constituer, bien entendu, une différence de structure fondamentale, donne à ce périprocte une allure assez extraordinaire pour justifier une séparation générique; il suffit, pour s'en rendre compte, de comparer le périprocte du *Sterechinus antarcticus* adulte avec le périprocte de n'importe quel *Echinus*. D'ailleurs, entendons-nous bien : il s'agit d'animaux *adultes*, et les caractères génériques ne peuvent évidemment s'appliquer qu'aux *adultes*; si l'on devait exclure d'une diagnose générique d'Échinide toutes les dispositions susceptibles de se modifier avec l'âge, il serait parfois difficile d'établir ces diagnoses.

Quant au troisième caractère que j'ai invoqué, il n'a pas évidemment une aussi grande importance que les autres; mais il peut néanmoins être introduit dans une diagnose, étant entendu qu'il s'agit toujours d'animaux adultes.

Le genre *Sterechinus* me paraît beaucoup mieux défini de cette manière que par la diagnose qu'en donne Mortensen. Si l'on compare, en effet, cette diagnose à celle qu'il donne du genre *Echinus*, on voit que deux des principaux caractères sont tirés du nombre des plaques ocellaires contiguës au périprocte, et de la présence ou de l'absence de plaques sur la membrane buccale en dehors du cercle des plaques buccales. Au sujet de la position des plaques ocellaires, je pourrais retourner contre Mortensen son propre argument et lui objecter ce qu'il écrit (p. 94), que cette position se modifiant pendant la croissance de

l'Oursin, ce caractère n'a pas une grande valeur. Quant aux plaques que
la membrane buccale peut porter en dehors du cercle des plaques buccales, elles ne sont pas constantes et leur nombre peut se modifier avec
l'âge. Les autres caractères différentiels invoqués par Mortensen, à savoir
la différence de taille entre les piquants primaires et secondaires, et
le nombre des rangées de dents sur le bord plus ou moins épaissi
des pédicellaires tridactyles, sont évidemment d'importance secon-
daire.

Je suis donc d'avis de maintenir la diagnose que j'ai donnée du genre
Sterechinus et de renfermer ce genre dans les limites que je lui ai assignées. Dans ces conditions, l'*E. margaritaceus* ne peut pas y rentrer.
Nous savons, d'autre part, que l'*E. magellanicus* constitue un genre à
part. Quant aux *E. Neumayeri* et *horridus*, que Mortensen a introduits
dans le genre *Sterechinus*, ils ne me sont pas assez connus pour que je
puisse décider s'ils doivent ou non être rangés dans ce genre.

Je ne crois pas qu'il puisse maintenant subsister de doutes sur ces différents points. Je n'ajouterai plus qu'un mot relativement à la synonymie de
l'*Echinus margaritaceus* avec l'*Echinus* (*Sterechinus* ?) *diadema* Studer, au
sujet de laquelle il subsiste une difficulté. Dans la très courte diagnose
qu'il donne de cette espèce, Studer dit qu'elle est très voisine de l'*E.
margaritaceus*, et, après lui, différents auteurs ont inscrit l'*E. diadema*
comme synonyme de l'*E. margaritaceus*. Ces auteurs ont évidemment
dû comprendre l'*E. margaritaceus* comme Agassiz l'a compris, puisque
la confusion créée par Mortensen entre cette espèce et le *Sterechinus
antarcticus* n'existait pas encore. D'autre part, Mortensen dit qu'après
examen du type original de Studer il a reconnu l'identité du *Sterechinus
antarcticus* et de l'*Echinus* (*Sterechinus*) *diadema*. Or, il est évident que
si l'*E. diadema* est identique à l'*E. margaritaceus* (au sens des auteurs),
il ne peut pas être identique au *Sterechinus antarcticus*. Je n'ai malheureusement pas en mains de documents suffisants pour résoudre cette
question de synonymie qui ne pourra être tranchée que par l'examen du
type de l'*E. diadema*. Je n'ajouterai qu'une remarque. Quand j'ai décrit
le *Sterechinus antarcticus*, que j'ai considéré comme nouveau, je n'étais
pas sans connaître l'*Echinus diadema*, et j'avais comparé les caractères

de cette espèce à ceux de mon Oursin. Or, l'on voudra bien m'accorder, si plus tard les deux formes étaient reconnues identiques, que la description de Studer était insuffisante pour permettre le rapprochement de ces deux oursins.

De cette discussion résultent les conclusions suivantes :

1° Les *Echinus magellanicus* et *margaritaceus* sont deux espèces complètement différentes, la première devant même se ranger dans un genre spécial;

2° L'*Echinus margaritaceus* n'appartient pas au genre *Sterechinus* tel que je le comprends; il peut rester classé dans le genre *Echinus*;

3° L'*Echinus margaritaceus* est complètement distinct du *Sterechinus antarcticus* ;

4° La genre *Sterechinus* doit conserver les limites que j'ai assignées à ce genre en le créant. Il offre des caractères bien tranchés, tirés de la forme de l'appareil apical chez l'adulte, de la persistance de la plaque centro-dorsale chez l'adulte et de la hauteur des plaques coronales, qui ont bien la valeur de caractères génériques.

Lyon, 20 décembre 1905.

EXPLICATION DES PLANCHES

PLANCHE I

Fig. 1. *Cryaster antarcticus*, exemplaire à cinq bras vu par la face dorsale, réduit d'un quart environ.

Fig. 2, 3 et 4. *Diplasterias papillosa* formes types. Grossissement une fois et demie environ.

Fig. 2, face dorsale de l'exemplaire de l'île Moureau ; fig. 3, face dorsale de l'exemplaire n° 579 ; fig. 4, face ventrale du même exemplaire.

Fig. 5. *Diplasterias papillosa*, n° 589, grossie une fois et demie environ.

Fig. 6. *Granaster biseriatus*, face dorsale. Grossissement une fois et demie environ.

Fig. 7. *Ophioglypha innoxia*, face dorsale. G. = 6.

Fig. 8. *Ophioglypha innoxia*, face ventrale. G. = 6.

Fig. 9. *Echinus margaritaceus*, pédicellaire tridactyle. G. = 35.

PLANCHE II

Fig. 10. *Cryaster antarcticus*, exemplaire à six bras vu par la face ventrale, réduit d'un quart environ.

Fig. 11. *Anasterias tenera*, face dorsale ; légèrement réduit.

Fig. 12. *Anasterias tenera*, face ventrale ; légèrement réduit.

Fig. 13. *Anasterias tenera*, face dorsale d'un échantillon desséché et traité à la potasse pour montrer le squelette dorsal du disque. Grossissement une fois et demie environ.

Fig. 14. *Anasterias tenera*, pédicellaire droit. G. = 20.

Fig. 15. *Anasterias tenera*, pédicellaire croisé. G. = 55.

Fig. 16. *Anasterias tenera*, pédicellaire croisé. G. = 55.

Fig. 17. *Diplasterias Turqueti*, vue latérale d'un bras ; légèrement réduit.

Fig. 18. *Diplasterias papillosa*, piquant papilliforme de la face dorsale. G. = 34.

Fig. 19. *Diplasterias papillosa*, piquant ambulacraire. G. = 34.

PLANCHE III

Fig. 20. *Ripaster Charcoti*, face dorsale ; légèrement réduit.

Fig. 21. *Ripaster Charcoti*, face ventrale ; légèrement réduit.

Fig. 22. *Odontaster validus*, face dorsale ; légèrement réduit.

Fig. 23. *Odontaster validus*, face ventrale ; légèrement réduit.

Fig. 24. *Odontaster validus*, face dorsale d'un autre échantillon ; légèrement réduit.

Fig. 25. *Odontaster validus*, vue latérale d'une paxille. G. = 16.

Fig. 26. *Odontaster validus*, paxille vue d'en haut. G. = 16.

Fig. 27. *Anasterias tenera*, coupe transversale du cordon ombilical. G. = 80.

Fig. 28. *Anasterias tenera*, squelette latéral des bras. G. = 5.

Fig. 29. *Echinus margaritaceus*, une valve de pédicellaire globifère. G. = 55.

Fig. 30 *a-g. Echinus margaritaceus*, système apical d'individus de différente taille. Grossissement deux fois environ.

a Chez un individu ayant un diam. de 55ᵐᵐ

b	—	—	50
c	—	—	43
d	—	—	32
e	—	—	30

f Chez un individu ayant un diam. de 20ᵐᵐ

g — — 16

Fig. 31. *Ripaster Charcoti*, plaques marginales d'un grand exemplaire vues de face. G. = 2 1/2.

Fig. 32. *Ripaster Charcoti*, plaques marginales de l'exemplaire représenté figure 20. G. = 3.

PLANCHE IV

Fig. 33. *Odontaster tenuis*, face dorsale ; légèrement réduit.

Fig. 34. *Odontaster tenuis*, face ventrale du même individu ; légèrement réduit.

Fig. 35. *Odontaster validus*, face dorsale d'un autre exemplaire; légèrement réduit.

Fig. 36. *Odontaster tenuis*, face ventrale du même échantillon; légèrement réduit.

Fig. 37. *Odontaster tenuis*, vue latérale d'une paxille. G. = 16.

Fig. 38. *Odontaster tenuis*, paxille vue par en haut. G. = 16.

Fig. 39. *Diplasterias Turqueti*, face ventrale ; légèrement réduit.

Fig. 40. *Echinus margaritaceus*, système apical d'un échantillon mesurant 55 millim. de diamètre. Grossissement une fois et demie environ.

Fig. 41. *Anasterias tenera*, jeune individu provenant d'une couvée. G. = 8.

Fig. 42. *Granaster biseriatus*, face ventrale. Grossissement une fois et demie environ.

Fig. 43. *Echinus margaritaceus*. Membrane buccale d'exemplaires de différente taille. Grossissement une fois et demie environ.

a Chez un exempl. ayant 55ᵐᵐ de diam.

b — 45 —

c — 30 —

NOTA. — Les figures 7, 8, 9, 14, 15, 16, 18, 19, 25, 26, 28, 29, 31, 32, 37, 38, 41 et 42 ont été dessinées à la chambre claire ; toutes les autres sont des reproductions directes de photographies.

Les Planches que j'avais remises avec le manuscrit de ce mémoire avaient été préparées pour une publication d'un format plus grand que celui qui a été adopté définitivement, et les échantillons entiers étaient représentés en vraie grandeur. Malheureusement le format a dû être diminué et mes dessins ont subi une réduction sur laquelle je ne comptais point.

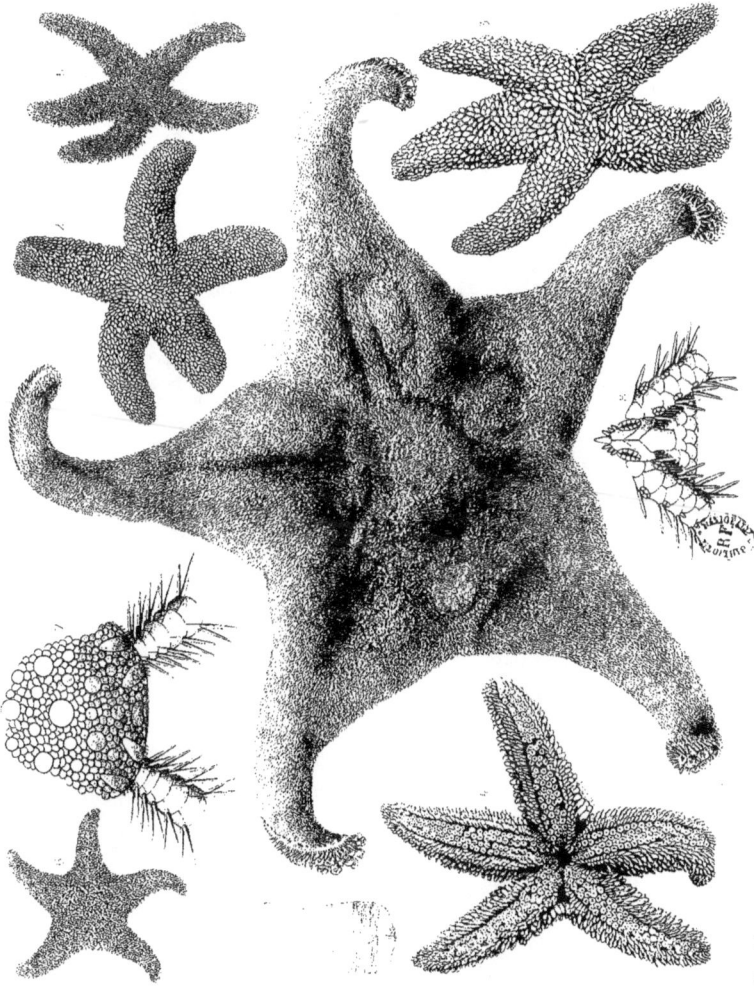

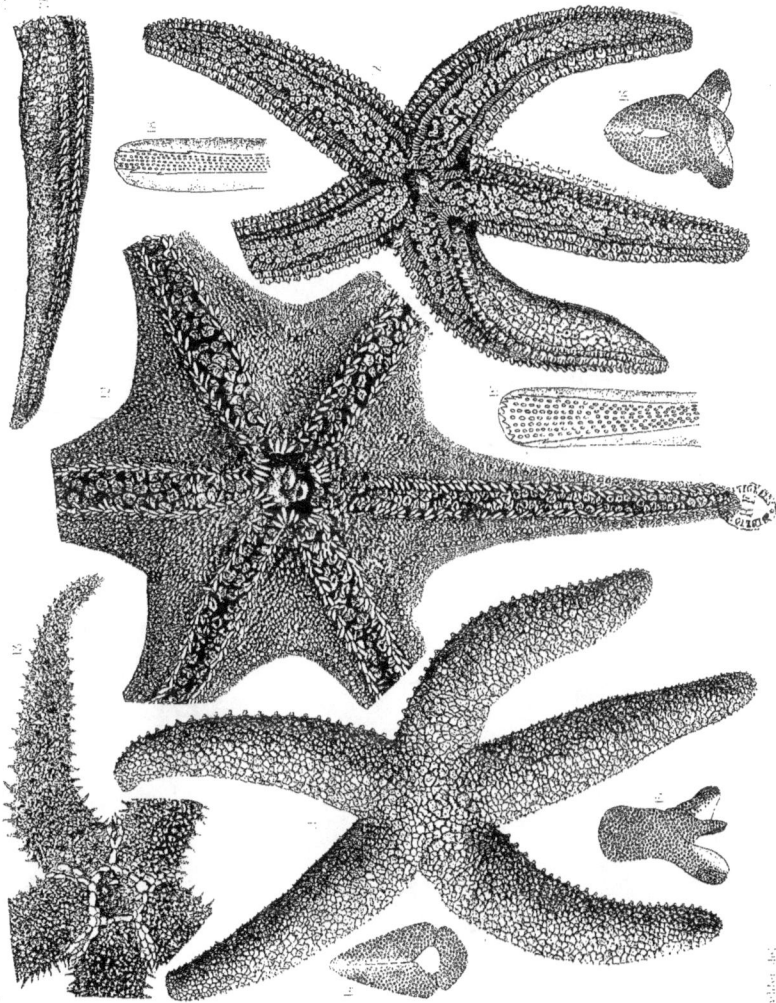

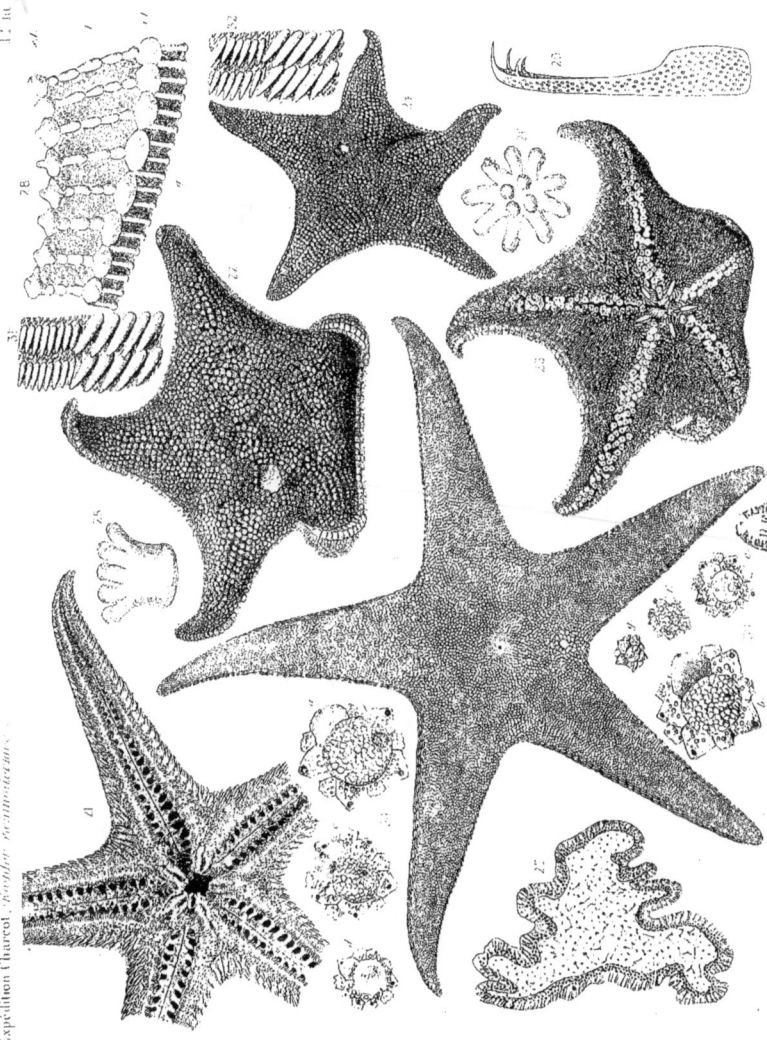

HOLOTHURIES

Par CLÉMENT VANEY

MAITRE DE CONFÉRENCES DE ZOOLOGIE DE L'UNIVERSITÉ DE LYON

M. le professeur Joubin a bien voulu me charger d'étudier les Holothuries rapportées par l'Expédition du D Charcot ; je tiens à lui exprimer tous mes remerciments pour l'honneur qu'il m'a fait en me confiant cette tâche et pour l'obligeance avec laquelle il m'a communiqué certains échantillons du Muséum de Paris.

La collection d'Holothuries rapportée par le « Français » est des plus intéressantes ; quoique ne comprenant qu'un petit nombre d'exemplaires, elle m'a fourni quelques documents très précieux. La plupart des espèces qui la composent, et que j'ai pu déterminer, sont nouvelles. Je regrette de n'avoir pas pu tirer parti de tous les matériaux ; mais leur détermination est rendue difficile et même souvent impossible à la suite de l'action nuisible des liquides conservateurs. J'avais déjà signalé la dissolution par la formaldéhyde des corpuscules calcaires des Holothuries et de la coquille des Mollusques (1) ; M. Joubin (2) a fait de semblables remarques à la Société zoologique de France, et Bell (3) a observé des altérations identiques chez les Holothuries rapportées par la « Southern Cross ». On doit donc formellement prohiber l'emploi du

(1) Holothuries recueillies par M. Ch. Gravier sur la côte française des Somalis (*Bull. Mus. Hist. Nat.*, 1905, n° 3, p. 186).
(2) *Bull. Soc. zool. de France* (1905).
(3) *Report on the Collections of Nat. History... of the « Southern Cross »* (1902) ; VIII, Echinoderma, p. 214.

formol pour la conservation des Holothuries et, à plus forte raison, celui de liquides fortement acides : certains exemplaires de la collection Charcot ont été malheureusement traités par de l'acide acétique glacial.

La disparition des corpuscules calcaires sous l'influence des liquides conservateurs a rendu la détermination très laborieuse, car elle nous a privé d'un élément caractéristique des plus utiles ; aussi, malgré les divers types de comparaison mis à notre disposition par MM. Joubin et Kœhler, beaucoup de nos déterminations sont incertaines. Quelquefois nous avons été amenés à réunir sous la même appellation des échantillons qui présentaient bien un grand nombre de caractères communs, mais dont les affinités ne pouvaient pas être précisées par la forme des corpuscules ; d'ailleurs, pour éviter toute confusion, nous avons décrit séparément ces échantillons douteux.

Les Holothuries rapportées du pôle Sud par le Dʳ Charcot ne comprennent que des Synallactidés et des Cucumariidés. Elles se rapportent à une seule espèce déjà décrite, le *Psolus antarcticus* Philippi, et aux neuf espèces nouvelles suivantes :

SYNALLACTIDÉS :
    Synallactes Carthagei.
CUCUMARIIDÉS :
    Cucumaria antarctica.
      —   *attenuata.*
      —   *grandis.*
      —   *irregularis.*
      —   *lateralis.*
      —   *Turqueti.*
   Psolus Charcoti.
     —   *granulosus.*

A ces formes il faut ajouter une espèce de *Synallactes* (?) non déterminable et une espèce de *Cucumaria* probablement nouvelle.

Avant de passer à la description de ces nouvelles espèces, je tiens à signaler quelques particularités offertes par certains individus de cette collection.

Certaines des *Cucumaria* sont de très grande taille : les exemplaires de la *C. antarctica*, tous rétractés, atteignent encore 115 millimètres de longueur; mais la plus grande espèce est la *C. grandis*, dont l'unique exemplaire mesure au moins 300 millimètres de longueur. Les téguments dans ces deux espèces sont fortement pigmentés.

Parmi les échantillons de cette collection, nous avons trouvé deux nouvelles Holothuries incubatrices : la *Cucumaria lateralis* et le *Psolus granulosus*. Ludwig, qui a résumé nos connaissances sur les Échinodermes incubateurs (1), cite parmi eux treize espèces d'Holothuries, dont six appartiennent aux régions antarctiques et subantarctiques ; nos deux nouvelles formes accentuent cette prépondérance en portant à huit le nombre des Holothuries incubatrices provenant du pôle Sud.

Les deux nouvelles Holothuries incubatrices ont chacune un mode spécial d'incubation : chez la *Cucumaria lateralis*, la ponte est enfermée dans deux poches internes latéro-dorsales, identiques à celles de la *Cucumaria glacialis* Ljungmann, et qui s'ouvrent chacune séparément par un pore externe. Quant au *Psolus granulosus*, il porte sur sa sole de jeunes embryons et des œufs à différents stades de développement, enchâssés plus ou moins complètement dans des espèces de verrucosités cutanées.

ASPIDOCHIROTES

SYNALLACTIDÉS.

1. Synallactes Carthagei nov. sp.
(Fig. 7 *a*, *b*; fig. 27 *a*, *b*, *c*, *d*; fig. 28 *a*, *b*.)

N° 302. — Port-Charcot. Dragage, 40 m. — 1 exemplaire.

Cet unique exemplaire est de petite taille et a seulement 14 millimètres de longueur. Le corps (fig. 7 *a*, *b*) est ovale avec une région postérieure arrondie ; il se termine en avant par une couronne de dix tentacules bien épanouis ; sa plus grande largeur, qui atteint 8 millimètres, se trouve située presque au milieu de la longueur. L'animal paraît légèrement aplati dorso-ventralement, et son anus est franchement ventral.

Les téguments sont brun noirâtre, minces et couverts extérieurement

(1) Brutpflege bei Echinodermen (*Zool. Jahrb.*, Suppl., Bd. VII, 1904, p. 683-699).

de villosités courtes et nombreuses ; chacune de ces villosités recouvre les pointes de corpuscules calcaires. C'est parmi ces aspérités que l'on distingue assez facilement les pédicelles ; ceux-ci sont répartis suivant une rangée sur presque tous les radius. Ces appendices sont peu nombreux, les radius dorsaux n'en renferment chacun que deux ou trois, tandis que les radius latéraux du trivium en possèdent sept ou huit disséminés sur toute la longueur du corps ; le radius médian ventral contient dix pédicelles, qui sont disposés en deux rangées plus ou moins alternes s'arrêtant au tiers postérieur du corps.

Les dix tentacules sont semblables, et, comme ils présentent des ramifications latérales développées, ils rappellent beaucoup ceux des Dendrochirotes.

Les corpuscules calcaires des téguments (fig. 27 a, b, c, d) ont des dimensions assez variables; ils se composent d'une base à trois ou quatre bras, au centre de laquelle s'élève une tige dont l'extrémité s'épanouit en deux ou trois pointes divergentes. Cette tige, quelquefois perforée par deux ou trois ouvertures, est enfermée dans les villosités cutanées. Les bras de la base des corpuscules peuvent se ramifier, et le support offre alors cinq ou six branches.

Les pédicelles ont des corpuscules (fig. 28 a, b) identiques à ceux du corps ; mais ici les bras du trépied sont très développés et ont leurs extrémités libres plus ou moins ramifiées.

Les cinq bandes musculaires longitudinales sont simples.

Les deux organes arborescents ont une longueur de 3 millimètres ; leur base conique, très large, possède une paroi mince et transparente ; elle se prolonge, en avant, par un tube brunâtre de plus faible diamètre et dont l'extrémité libre se replie sur elle-même.

Il existe deux faisceaux de longs tubes génitaux simples ; à droite, le faisceau ne contient que deux tubes, tandis qu'à gauche il en renferme six.

Il n'existe ni anneau calcaire, ni vésicules tentaculaires.

RAPPORTS ET DIFFÉRENCES. — Cette Holothurie appartient sans aucun doute aux Synallactidés. Par suite du peu de différenciation de la sole ventrale, de la répartition des pédicelles sur tous les radius, de la forme des corpuscules calcaires et de la présence de deux faisceaux d'organes génitaux, nous la considérons comme appartenant au genre *Synallactes* ; mais ici le nombre des tentacules n'est que de dix, tandis qu'il est de dix-huit à vingt dans les *Synallactes* décrits jusqu'à présent.

Cette nouvelle espèce de *Synallactes* ne peut pas être rapprochée de la *Mesothuria bifurcata* Hérouard rapportée par la « Belgica » du 71ᵉ degré de latitude sud, car la disposition des appendices et la forme des corpuscules calcaires est toute différente dans ces deux espèces.

Le *Synallactes Carthagei* se distingue du *Synallactes Moseleyi* Théel, de la région patagonienne, par l'absence de pieds adhésifs, par ses rangées longitudinales de pédicelles, en général simples, et par ses corpuscules calcaires, dont les bases ont trois branches au lieu de quatre ou huit, comme dans l'espèce de Théel. Les corpuscules calcaires de notre nouvelle espèce rappellent ceux du *Synallactes Challengeri* Théel, mais cette dernière espèce a dix-neuf tentacules, des papilles sur toute la face dorsale et au moins deux séries de pédicelles sur chaque radius du trivium ; d'autre part, les corpuscules des pédicelles sont des bâtonnets faiblement incurvés.

2. **Synallactes** sp. (?)

N° 845. — Baie Biscoë. Dragage, 110 m. — 1 exemplaire.

Cet échantillon est en presque totalité pelé ; seule la couronne tentaculaire est bien conservée ; elle est entièrement épanouie et tournée du côté dorsal. La longueur de cet exemplaire est de 62 millimètres ; sa largeur est de 20 à 25 millimètres.

Les téguments sont minces et blanchâtres. En les examinant par transparence du côté interne, on distingue, sur chaque radius, deux séries d'appendices alternant plus ou moins l'une avec l'autre. On ne trouve aucune trace de corpuscules calcaires.

Les tentacules, au nombre de dix, sont tous semblables ; ils sont courts, massifs, et ils se terminent par un disque épais orné d'un grand nombre de pointes.

Il existe un canal madréporique et deux vésicules de Poli de 2 à 3 millimètres de longueur.

Les organes arborescents sont très ramifiés ; ils sont inégaux : l'un a seulement 10 millimètres de longueur, tandis que l'autre atteint 30 à 40 millimètres.

Les organes génitaux sont constitués de nombreux tubes ramifiés ; ils présentent, de distance en distance, de forts étranglements qui leur donnent une apparence plus ou moins moniliforme.

RAPPORTS ET DIFFÉRENCES. — L'absence de tout corpuscule calcaire et le mauvais état de cet individu ne permet d'établir qu'avec doute ses affinités. Nous croyons qu'il représente une nouvelle espèce de *Synallactes*, car la disposition des pédicelles n'est pas la même que celle observée soit chez le *S. Moseleyi* Théel, soit chez notre *S. Carthagei*. Comme cette dernière espèce, ce nouveau *Synallactes* n'aurait que dix tentacules.

DENDROCHIROTES

CUCUMARIIDÉS

1. Cucumaria antarctica nov. sp.
(Fig. 3, 8, 26.)

N° 642. — Ile Booth-Wandel, plage sous galets. — 5 exemplaires.
N° 863. — Baie Biscoë. Dragage, 110 m. — 1 exemplaire.
N° 385. — Port-Charcot. Dragage, 40 m. — 1 exemplaire.

Nous groupons dans cette même espèce des exemplaires qui, bien que récoltés à des profondeurs différentes, ne paraissent se distinguer les uns des autres que par des caractères secondaires. Notre hésitation pour faire ce rapprochement a été d'autant plus grande que certains échantillons étaient dépourvus de corpuscules calcaires ou partiellement décalcifiés. L'exemplaire n° 385 n'a plus aucun corpuscule ; les échantillons provenant de la plage ne présentent de corpuscules que dans les parties invaginées de la région antérieure du corps ; seul, le petit individu de la baie de Biscoë possède d'assez nombreux sclérites dans ses téguments. Tous ces individus ont des téguments assez épais, flexibles et de couleur brun marron, leur région ventrale est plus claire que leur face dorsale. Les pédicelles sont blanchâtres ou marron clair ; ils sont localisés sur les radius, où ils se disposent en deux rangées très rapprochées l'une de l'autre ; mais leur répartition n'est pas la même dans les différents échantillons. C'est en comparant les corpuscules calcaires du petit exemplaire avec ceux des individus des îles Booth-Wandel que nous avons été amenés à les rapprocher les uns des autres ; d'autre part, l'échantillon décalcifié, malgré sa grande taille, a beaucoup de ressemblance avec le petit exemplaire. Ainsi, en prenant le petit exemplaire comme terme de comparaison, nous avons été conduits à grouper ces divers individus, mais nous décrirons séparément chacune de ces trois séries d'échantillons, pour bien indiquer leurs particularités.

Les cinq exemplaires des îles Booth-Wandel sont absolument semblables les uns aux autres. Ils sont tous rétractés ; leur couronne tentaculaire est fortement invaginée, et le reste du corps est plus ou moins plissé. L'échantillon le moins déformé (fig. 3) est pyriforme ; il a une longueur de 115 millimètres, et son plus grand diamètre atteint 35 millimètres ; son extrémité postérieure est arrondie, tandis qu'en avant le corps se prolonge sous la forme d'un prisme pentagonal de 37 millimètres de longueur et de 13 millimètres de diamètre. Chez les autres individus, le corps est ovale, terminé en avant et en arrière par un mamelon plus ou moins marqué ; leur longueur varie de 55 à 80 millimètres et leur diamètre de 37 à 55 millimètres.

Les pédicelles sont localisés sur les radius, où ils sont disposés en deux rangées très rapprochées l'une de l'autre et alternant entre elles. Ces appendices sont au nombre d'une centaine par chaque radius du trivium, alors qu'on en compte seulement quatre-vingts sur chaque radius du bivium. La région antérieure invaginée a une longueur de 37 millimètres, c'est-à-dire égale au tiers de la longueur du reste du corps ; on y retrouve la continuation des rangées radiales de pédicelles ; ceux-ci y sont répartis à raison d'une vingtaine par radius.

Les tentacules sont au nombre de dix ; ils sont courts, massifs, brunâtres et se terminent par de courtes ramifications mamelonnées et de teinte plus claire que la base.

Dans ces derniers exemplaires, les téguments sont brunâtres extérieurement et blanchâtres du côté interne ; nous n'avons pu y trouver de corpuscules calcaires que dans les parties invaginées. Ces sclérites sont un peu disséminés, et ils ne sont que d'une seule sorte : ce sont des plaques (fig. 8) plus ou moins allongées, à contour fortement denté, dont la surface présente de nombreuses perforations entre lesquelles sont disposés de petits tubercules à extrémité mousse.

Chez l'individu le moins contracté, les muscles rétracteurs s'insèrent à 60 millimètres du bord antérieur ; les muscles longitudinaux ont une largeur de 3 millimètres dans la région moyenne du corps; puis ils vont en s'atténuant vers les extrémités.

On ne distingue aucun anneau calcaire.

Les tubes madréporiques, au nombre de quinze à dix-huit, sont courts et disposés en deux groupes. Il existe trois vésicules de Poli, dont la plus grande, ventrale, a 22 millimètres de longueur; tandis que les deux autres, placées de part et d'autre de la première, ne mesurent que 10 à 15 millimètres. Les organes génitaux sont formés de deux faisceaux de tubes simples, blanchâtres, atteignant 80 millimètres de longueur ; les tubes supérieurs ont un diamètre assez grand ; ils présentent un aspect moniliforme. Les organes arborescents sont blanchâtres et s'étendent jusqu'à la moitié du corps.

Le petit exemplaire est légèrement incurvé ; sa longueur est de 20 millimètres et sa largeur de 10 millimètres. Il est brun noirâtre avec la partie antérieure plus foncée. La région tentaculaire est étalée et comprend dix tentacules à pédoncule court et à arborescence mamelonnée et blanchâtre ; trois de ces appendices sont réduits à leur pédoncule.

Les pédicelles blanc jaunâtre sont disposés, sur chaque radius, en deux rangées qui alternent irrégulièrement l'une avec l'autre. On compte une quarantaine de pédicelles sur le radius médian ventral ; sur les radius dorsaux, ils paraissent plus clairsemés, quelquefois disposés en une seule série. L'état de contraction du corps ne permet pas de compter ces appendices; mais si, dans la région antérieure, ils sont nombreux, dans la région postérieure ils sont très distants les uns des autres, et l'on en trouve plus à quelques millimètres de l'anus. Cette disposition des pédicelles est la seule différence bien marquée entre ce petit exemplaire et les échantillons précédents. Les téguments renferment aussi une seule sorte de sclérites assez rapprochés les uns des autres : ce sont de grandes plaques (fig. 26) allongées, à bords épineux, percées d'un grand nombre d'ouvertures et présentant à leur surface quelques rares pointes.

Nous n'avons pas trouvé d'anneau calcaire. Les canaux madréporiques sont nombreux.

Quant à l'échantillon décalcifié, sa longueur atteint 110 millimètres ; le corps est fortement plissé, surtout dans la région antérieure, où la largeur n'est que de 17 millimètres, alors que dans la région postérieure le diamètre du corps dépasse 30 millimètres.

La couronne tentaculaire est étalée, mais les tentacules sont réduits à leur pédoncule.

Comme dans les exemplaires précédemment décrits, les pédicelles sont localisés sur les radius ; mais si, dans la région anale, leur disposition est la même que pour les exemplaires des îles Booth-Wandel, quoique leur nombre soit moindre, dans la région antérieure, on remarque que les rangées dorsales et latérales s'arrêtent à une certaine distance de la couronne tentaculaire. Malgré cette différence de répartition des pédicelles, nous pensons que cet exemplaire doit être rattaché à cette espèce, et il est regrettable que la disparition totale des corpuscules calcaires des téguments ne permette pas de préciser ces affinités.

Rapports et différences. — La *Cucumaria antarctica*, d'assez grande taille, est bien différente de toutes les espèces subantarctiques déjà décrites. Elle appartient au groupe des *Cucumaria* antarctiques possédant une seule espèce de corpuscules calcaires dans les téguments ; elle se rapproche donc à ce point de vue des *Cucumaria chiloensis* Ludwig, *tabulifera* R. Perrier, *lævigata* Verrill, *steineni* Ludwig et de la *C. georgiana* Lamp. Les corpuscules calcaires des *C. chiloensis* et *C. tabulifera* sont bien différents, puisque ce sont des tourelles et non des plaques perforées ; quant aux *C. steineni* et *C. lævigata*, elles possèdent des plaques perforées munies, à l'une des extrémités, d'un prolongement épineux. Seuls les exemplaires de la *C. georgiana* décrits par Lampert ont des corpuscules presque identiques à ceux de notre espèce, quoique les plaques de la *C. antarctica* soient plus grandes et à plus nombreuses perforations ; mais, chez la *C. georgiana*, les pédicelles sont disposés en rangées doubles et quelquefois triples, suivant les radius du trivium, et ils sont disséminés, sur le bivium, sans aucune disposition en rangées.

2. Cucumaria attenuata nov. sp.
(Fig. 5 *a*, *b* ; fig. 12 ; fig. 13 ; fig. 21 *a*, *b* ; fig. 22.)

Nº 436. — Port-Charcot. Dragage, 40 m. — 1 exemplaire.

Cette nouvelle espèce est de petite taille ; sa longueur est de 11 millimètres seulement. Le corps (fig. 5 *a*, *b*) est plus ou moins cylindrique, d'un diamètre de 4 millimètres ; la région postérieure est arrondie ; la partie antérieure de cet unique exemplaire est fortement infléchie, de telle sorte que la bouche est devenue ventrale et fait une saillie de 2 à 3 millimètres sur le trivium.

Chaque radius porte une rangée de pédicelles disposés en zigzag ; mais, en certains points, il semble y avoir une double rangée. Ces pédicelles sont de deux tailles, et en général les petits alternent avec les gros. Le radius médian ventral renferme dix pédicelles paraissant disposer en deux rangées alternant l'une avec l'autre ; les radius latéraux ont une rangée d'une douzaine de pédicelles qui s'étend jusqu'à la bouche : la région antérieure incurvée en présente un ou deux ; les radius dorsaux possèdent une huitaine d'appendices seulement. Pour tous les radius, les séries de pédicelles s'arrêtent bien avant l'extrémité postérieure du corps.

Les téguments de cet exemplaire conservé au formol sont blanc jaunâtre ; ils sont minces, mais assez rigides par suite de la présence de nombreux corpuscules calcaires s'imbriquant légèrement les uns sur les autres. Ces corpuscules (fig. 13 et 21) sont d'une seule sorte : ce sont des plaques calcaires à contour presque circulaire, percées d'un grand nombre d'ouvertures et dont le réseau offre de distance en distance de petits tubercules arrondis.

Ces plaques peuvent avoir des tailles assez variables : les plus grandes (fig. 21 *a*, *b*) sont légèrement incurvées et ont un diamètre de $0^{mm},2$;

d'autres, plus petites (fig. 13), n'atteignent que $0^{mm},1$ de diamètre, et ont un réseau plus grêle que les précédentes. Dans la paroi des pédicelles, on trouve aussi des plaques de petite taille entières ou en voie de formation (fig. 12).

La couronne tentaculaire est bien épanouie ; elle se compose seulement de sept tentacules, dont cinq, bien développés, ont l'aspect caractéristique de Dendrochirotes, tandis que les deux autres, ventraux, sont réduits à un simple mamelon.

L'anneau calcaire est formé de dix pièces pourvues chacune d'une pointe antérieure, plus développée chez les radiales que chez les interradiales.

Les muscles rétracteurs sont grêles et s'insèrent vers le milieu du corps. Le canal du sable est bien développé et se dirige en avant. Il n'existe qu'une vésicule de Poli.

Les organes arborescents sont localisés dans la moitié postérieure du corps ; ils forment deux tubes blanchâtres qui s'incurvent dans leur région antérieure et présentent de distance en distance des ramifications simples.

Cet exemplaire n'a pas atteint sa maturité sexuelle.

RAPPORTS ET DIFFÉRENCES. — Cette nouvelle *Cucumaria* appartient au groupe des *Cucumaria* antarctiques à pédicelles localisés sur les radius, mais elle se distingue nettement de toutes celles décrites actuellement par la disposition de ses pédicelles. En effet, ceux-ci sont en petit nombre sur chaque radius, et, quoique répartis sur deux rangées alternantes, ils paraissent disposés sur une seule ligne, comme dans une véritable *Ocnus*. Il n'y a pas lieu de tenir compte du petit nombre de tentacules de notre type, qui semble être le résultat d'une anomalie ; il est très probable que les formes normales ont dix tentacules.

La *C. attenuata* a quelques points de ressemblance avec la *C. lævigata* Verrill; mais celle-ci a, sur chaque radius, un plus grand nombre de pédicelles, de trente à soixante, disposés en deux séries bien nettes ; d'autre part, les pédicelles ventraux sont bien plus nombreux que les dorsaux. D'ailleurs les plaques calcaires de notre espèce sont circulaires et ne présentent pas de prolongement épineux comme dans la *C. lævigata*.

Au point de vue des corpuscules calcaires, la *C. attenuata* rappelle la *C. georgiana* Lampert et notre *C. antarctica*; mais la disposition des pédicelles l'en sépare bien nettement.

Nous rapportons à cette espèce trois échantillons dragués aussi dans dans le port Charcot, mais seulement à 20 mètres de profondeur.

Leur forme extérieure est presque identique à celle de notre type de *Cucumaria attenuata* ; mais ils sont encore de plus petite taille : leur longueur est de 5 millimètres et leur diamètre de 2 millimètres.

Les pédicelles sont exclusivement placés sur les radius : dans le radius médian ventral, on en trouve sept répartis en deux rangées alternantes; sur les radius latéro-ventraux, sept pédicelles sont disposés en une seule rangée ; quant aux radius dorsaux, ils présentent une file de neuf à dix pédicelles s'étendant assez loin en avant et en arrière. Les différences extérieures avec le type de la *C. attenuata* sont que les rangées de pédicelles atteignent toutes l'extrémité postérieure du corps et que la bouche est entourée de dix tentacules, dont les deux ventraux sont plus petits. D'autre part, les radius dorsaux renferment, dans ces derniers échantillons, un plus grand nombre de pédicelles que dans notre type. Les téguments blanchâtres et très minces contiennent une seule sorte de corpuscules calcaires : ce sont des plaques (fig. 22) à nombreuses perforations, mais incomplètement développées ; elles sont assez semblables à celles de notre type, mais elles sont dépourvues de tubercules. De même nous trouvons une grande ressemblance entre les anneaux calcaires de ces différentes formes ; mais ici les prolongements antérieurs des pièces interradiales sont aussi développés que ceux des pièces radiales. Tous ces échantillons n'ont pas d'organes génitaux développés. Les faibles différences qui existent entre ces trois jeunes exemplaires et le type de notre *Cucumaria attenuata* font que nous ne les considérons, tout au plus, que comme de simples variétés de cette espèce.

3. Cucumaria grandis nov. sp.

Ile Booth-Wandel, plage. — 1 exemplaire.

Les grandes dimensions de cette *Cucumaria* antarctique nous amènent à la considérer comme appartenant à une espèce nouvelle, quoique les

caractères fournis par les corpuscules calcaires nous fassent complètement défaut. Cet exemplaire, bien que contracté, atteint encore une longueur de 300 millimètres, et sa plus grande largeur est de 140 millimètres ;
son corps est presque cylindrique avec une région postérieure arrondie.

La face ventrale, très plissée, est de couleur plus claire que la face
dorsale ; celle-ci, d'un marron brunâtre, est sillonnée de traînées de
couleur foncée occupant surtout les interradius ; les radius dorsaux sont
pointillés de brun noir.

Sur chaque radius latéral et dorsal sont échelonnés une centaine de
pédicelles disposés en deux rangées alternant l'une avec l'autre. Dans les
portions du corps bien étalées, la distance entre les deux séries de pédicelles est de 10 millimètres, et les appendices d'une même rangée sont
aussi à 10 millimètres les uns des autres. Par suite de l'état de contraction de la face ventrale, il est impossible de compter les pédicelles du
radius médian ventral, mais ils semblent plus nombreux que dans les
radius dorsaux.

A l'extrémité antérieure s'étale une couronne de dix tentacules, au
centre de laquelle s'ouvre la bouche. Ces tentacules sont réduits à un
court moignon de 15 millimètres de longueur ; les deux ventraux sont
plus petits et n'atteignent que 10 millimètres. La couronne tentaculaire
présente des lignes intertentaculaires brunâtres qui viennent jusqu'au
pourtour buccal.

Les téguments sont très minces, un peu gluants, et ils sont totalement
dépourvus de corpuscules calcaires.

A l'intérieur du corps, on observe un bulbe pharyngien de 30 millimètres de hauteur et de 30 millimètres de diamètre, mais nous ne trouvons
aucun anneau calcaire. Les muscles longitudinaux sont simples et ont
une largeur de 10 millimètres; les muscles rétracteurs ont la forme de
lames aplaties larges de 2 à 3 millimètres et qui s'insèrent sur la paroi du
corps à 140 millimètres de l'extrémité antérieure.

La vésicule de Poli unique atteint 120 millimètres de long et 5 millimètres de diamètre. Les organes génitaux sont formés de deux faisceaux
de tubes blanc jaunâtre très nombreux s'étendant sur toute la longueur du
corps. Les organes arborescents sont très ramifiés.

On n'avait jamais signalé dans la région antarctique de *Cucumaria*
d'aussi grande taille. Il est regrettable que les corpuscules fassent défaut,
car cette absence nous empêche de discuter les affinités. Cette *Cucumaria*
grandis se rapproche de notre *Cucumaria antarctica*.

4. Cucumaria irregularis nov. sp.
(Fig. 2 *a*, *b*)

Nº 436. — Port-Charcot. Dragage, 40 m. — 1 exemplaire.

Cette espèce, de très petite taille, a sa surface externe recouverte de
villosités. Elle a ainsi l'aspect d'une *Echinocucumis*. Son corps (fig. 2 *a*, *b*)
est ovale, avec une région postérieure arrondie et une partie antérieure
plus large et terminée par des tentacules bien épanouis.

Les pédicelles sont localisés sur les radius. Sur le trivium, on observe
onze pédicelles disposés sur le radius médian en deux rangées alternant
assez irrégulièrement l'une avec l'autre, et sept pédicelles sont répartis
en une seule série sur chaque radius latéral. Le bivium ne possède que
quatre à cinq pédicelles sur chaque radius.

Les tentacules sont au nombre de dix, les deux ventraux plus petits.
Chaque tentacule a un pédoncule très développé portant des digitations
assez longues, en petit nombre et bien séparées les unes des autres.

Les téguments sont blanchâtres, minces et ne renferment aucun corpuscule calcaire.

Nous n'avons pas vu d'anneau calcaire, mais il existe un petit canal
madréporique et une vésicule de Poli. Les muscles rétracteurs s'insèrent
tout à fait à la région antérieure du corps.

Les organes génitaux sont constitués de deux faisceaux renfermant
chacun 3 à 4 tubes simples.

RAPPORTS ET DIFFÉRENCES. — Les villosités du corps, la disposition des
pédicelles et la forme des tentacules séparent complètement cette espèce
des autres *Cucumaria* antarctiques ou subantarctiques.

La *C. irregularis* rappelle, par certains caractères externes, le *Synal-*
lactes Carthagei décrit précédemment; mais la structure des tentacules
est bien différente dans les deux cas.

Par sa forme extérieure, elle se rapproche de la *Cucumaria hispida* (Barrett) (*Echinocucumis typica* M. Sars) des mers du Nord. Les affinités ne peuvent pas être discutées par suite de la dissolution des corpuscules calcaires.

5. Cucumaria lateralis nov. sp.
(Fig. 23, 24 et 25.)

N° 120. — Port-Charcot; ile Booth-Wandel. Dragage, 20 m. — 1 exemplaire.
N° 865. — Baie Biscoë. Dragage, 110 m. — 1 exemplaire.

Nous rapprochons sous cette même appellation deux exemplaires qui, extérieurement, présentent un certain nombre de caractères communs, mais dont l'identification reste incertaine, car, dans l'un, les corpuscules calcaires font complètement défaut. Cet échantillon décalcifié est bien étalé et provient d'un dragage effectué à 110 mètres ; l'autre, sur lequel nous établissons la diagnose de la nouvelle espèce, est fortement contracté et a été recueilli à une profondeur de 20 mètres.

L'individu rétracté est ovoïde, sa longueur est de 50 millimètres, et son plus grand diamètre atteint 38 millimètres. Les téguments sont minces et blanc grisâtre. Les pédicelles ont 1 millimètre de diamètre ; ils sont très saillants et bien nets ; leur répartition sur la face dorsale est différente de celle de la face ventrale. Sur le trivium, les pédicelles sont localisés sur les radius : suivant le radius médian, ils se disposent en deux rangées sur toute la longueur du corps, et, de distance en distance, on en trouve une troisième série ; de même deux rangées de pédicelles s'étendent sur toute la longueur des radius latéraux ; mais, dans la région moyenne du corps, ils s'y ajoutent une ou deux nouvelles rangées. A première vue, les pédicelles paraissent disséminés irrégulièrement sur toute la face dorsale, aussi bien sur les radius que sur les interradius ; cependant un examen attentif montre que les appendices sont alignés suivant les radius, où ils forment deux rangées principales, s'étendant sur toute la longueur du corps, bordées de part et d'autre de deux à trois rangées latérales qui s'étalent plus ou moins sur les interradius. Les pédicelles disposés sur les interradius sont semblables à ceux des radius.

Les corpuscules calcaires sont disséminés dans les téguments ; ils sont formés de plaques tuberculées dont les unes (fig. 23), pourvues d'un petit nombre d'ouvertures, cinq à six environ, rappellent celles de la *Cucumaria georgiana* Lamp., tandis que d'autres (fig. 24) sont quatre fois plus grandes que les précédentes et présentent une trentaine de perforations.

Dans les pédicelles, les plaques (fig. 25) sont allongées et ont un petit nombre de perforations et de tubercules.

Les muscles rétracteurs s'insèrent vers le milieu du corps.

L'anneau calcaire est formé de dix pièces fortes présentant chacune un prolongement médian et antérieur.

La vésicule de Poli unique a 20 millimètres de long ; il n'existe qu'un seul canal madréporique placé à gauche du mésentère dorsal.

Les organes génitaux sont formés de deux faisceaux de nombreux tubes simples. On trouve, en outre, deux poches incubatrices remplies d'œufs segmentés et situées en avant, de part et d'autre du muscle longitudinal du radius latéro-dorsal droit. Chacune de ces poches s'ouvre à l'extérieur par un pore situé presque à l'extrémité antérieure du corps.

Le second individu, bien épanoui, a une longueur de 40 millimètres ; son corps est ovale, à extrémité postérieure terminée en pointe. Les téguments sont très minces et laissent voir, par transparence, les organes génitaux.

Les tentacules sont au nombre de dix, les deux ventraux sont plus petits ; une papille génitale fait saillie dans le cercle tentaculaire, entre les deux tentacules dorsaux.

Comme dans l'exemplaire précédent, les pédicelles sont localisés sur les radius de la face ventrale, tandis que sur le côté dorsal ils sont disposés sur les radius et les interradius. Sur le radius médian ventral, les pédicelles, au nombre de soixante-six, sont placés sur deux rangées alternant en certains points l'une avec l'autre ; dans les radius latéro-ventraux, on en compte soixante-dix, disposés sur deux ou trois rangées. Les radius dorsaux présentent, dans leur région moyenne, cinq à six rangées de pédicelles, dont les plus externes par rapport à la ligne médiane du radius n'atteignent pas l'extrémité du corps, de telle sorte qu'en avant chaque radius a trois rangées de pédicelles, tandis qu'en arrière il n'en présente plus que deux.

Dans cet exemplaire, les muscles rétracteurs s'insèrent au quart postérieur du corps; quant aux autres caractères anatomiques internes, ils concordent avec ceux de l'exemplaire décrit en premier lieu.

L'anneau calcaire est formé de dix pièces pourvues chacune d'un prolongement médian antérieur; celui des radiales est plus massif que celui des interradiales. La vésicule de Poli unique a 8 millimètres de longueur; il n'existe qu'un seul canal madréporique dirigé en avant. Les organes arborescents sont des tubes blanchâtres et ramifiés. Les organes génitaux sont formés de deux faisceaux d'une vingtaine de tubes simples, de couleur blanchâtre.

RAPPORTS ET DIFFÉRENCES. — La présence d'une seule sorte de corpuscules calcaires dans les téguments rapproche la *Cucumaria lateralis* de la *C. georgiana*; mais, si des stades d'évolution des sclérites de notre nouvelle espèce ressemblent aux corpuscules de la *C. georgiana*, les grosses plaques définitivement formées avec leurs nombreuses perforations permettent de la distinguer très nettement de l'espèce de Lampert.

La distribution des pédicelles ne peut être ici un caractère spécifique très important à invoquer, car, dans les types de la *C. georgiana*, ces appendices sont disposés en double rangée sur les radius du trivium, alors qu'ils sont disséminés irrégulièrement sur les radius et interradius du bivium; tandis que, dans les exemplaires que Lampert avait séparés sous le nom de *C. pithacnion*, et que Ludwig rattache à juste raison à la *C. georgiana*, les pédicelles sont en deux rangées sur tous les radius. Dans la *C. lateralis*, la répartition des pédicelles sur les radius latéro-ventraux est tout autre que dans la *C. georgiana*; d'ailleurs, dans cette nouvelle espèce, les pédicelles ont des plaques tuberculées, alors que seuls les exemplaires primitivement rapportés à la *C. pithacnion* ont de nombreuses plaques dans les pédicelles, semblables à celles des parois du corps, mais dépourvues de tubercules.

Dans les nombreux exemplaires de la *C. georgiana*, observés par Lampert, et dont la taille variait de 0,6 à 7 centimètres, cet auteur ne signale aucune poche incubatrice. La disposition de la paire de poches incubatrices sur le radius dorsal droit est actuellement bien spéciale à notre nouvelle espèce.

6. Cucumaria Turqueti nov. sp.
(Fig. 1.)

N° 382. — Port Charcot. Dragage, 40 m. — 1 exemplaire.

Le corps de cette nouvelle *Cucumaria* est ovoïde, légèrement atténué aux deux extrémités. Chez cet exemplaire contracté, la longueur est de 85 millimètres, et le plus grand diamètre atteint 40 millimètres ; la face dorsale est de couleur marron foncé, tandis que la région ventrale est de teinte plus claire.

Les pédicelles, de couleur blanchâtre, sont exclusivement localisés sur les radius. A un premier examen, ils paraissent disposés sur chacun de ceux-ci en deux rangées bien nettes s'étendant sur toute la longueur du corps et situées à une certaine distance l'une de l'autre : à 3 millimètres pour les radius du trivium et à 5 millimètres pour ceux du bivium. Un examen plus attentif permet de discerner, à côté de pédicelles de grosse taille, pouvant atteindre $2^{mm},5$ de longueur, de petits appendices très courts et souvent réduits à un faible mamelon. En général, les petits pédicelles sont intercalés entre les gros et plus rapprochés que ceux-ci de l'axe du radius, de telle sorte que chaque rangée d'ambulacres est en zigzag ; en certains points, elle paraît être constituée de deux séries d'appendices de taille différente et alternant l'une avec l'autre.

Les pédicelles sont plus nombreux sur le trivium que sur le bivium ; chaque radius ventral en comprend de cent à cent sept, tandis que les radius dorsaux n'en possèdent que soixante-huit environ.

Les téguments sont minces. En préparation éclaircie, ils montrent seulement de petits amas caractéristiques, résultant de l'attaque des corpuscules calcaires par les réactifs, et qui, d'après leur disposition, indiquent que les sclérites étaient très disséminés dans la peau ; mais il nous a été impossible de retrouver un seul de ces corpuscules calcaires.

L'attaque des acides a dû être prolongée, car nous ne trouvons aucun anneau calcaire.

Les muscles longitudinaux sont simples et ont 3 millimètres de largeur ; les muscles rétracteurs, très grêles, s'insèrent à 30 millimètres de l'extrémité antérieure. Le pharynx invaginé a 15 millimètres de longueur. Le cercle aquifère est muni ventralement d'une vésicule de Poli de 20 millimètres de longueur et dorsalement d'un canal madréporique infléchi en avant. Il existe un estomac bien différencié.

Les organes génitaux sont formés de deux faisceaux de simples tubes blanchâtres, de 20 à 30 millimètres de long et disposés de part et d'autre du canal évacuateur sur une longueur de 50 millimètres.

Les organes arborescents, très développés, ont une paroi mince et transparente.

RAPPORTS ET DIFFÉRENCES. — La disparition complète des corpuscules calcaires, après l'action des agents conservateurs, ne nous permet pas de fournir tous les caractères de cette espèce, mais nous la croyons nouvelle.

La coloration du corps, la disposition des pédicelles, rapprochent la *Cucumaria Turqueti* de la *Cucumaria crocea* Lesson. Elle en diffère essentiellement parce que, chez notre nouvelle espèce, les pédicelles de la face dorsale sont aussi développés que ceux de la région ventrale, et que, dans chaque radius dorsal, il y a beaucoup moins d'ambulacres que dans un radius ventral. Chez la *C. crocea*, au contraire, les appendices dorsaux sont peu saillants, par suite bien plus petits que ceux de la face ventrale, et, d'autre part, ils sont plus nombreux que les ventraux. D'ailleurs, chez la *C. crocea*, nous ne trouvons pas, dans chaque radius, cette alternance de pédicelles de grosse et de petite taille que nous avons signalée chez la *C. Turqueti*. Au point de vue de l'organisation interne, il existe dans ces deux espèces un estomac bien différencié ; mais la disposition des organes génitaux est très différente.

7. Cucumaria sp. (?)

N° 269. — Port-Charcot. Dragage, 40 m. — 1 exemplaire.

Il est impossible, après l'action du formol et des acides, de préciser la détermination de cette *Cucumaria*, car les corpuscules calcaires ont complètement disparu.

L'animal, fortement rétracté, est cylindrique, mais il est légèrement pentagonal dans les régions très contractées ; sa longueur est de 45 millimètres et son diamètre atteint 15 millimètres. La région moyenne du corps est fortement plissée, tandis que les régions terminales sont encore bien gonflées et paraissent recouvertes de petites verrucosités. La bouche s'ouvre à l'extrémité d'un petit mamelon terminal; l'anus est déjeté sur le côté.

Les pédicelles sont entièrement localisés sur les radius; on en compte une quarantaine par radius, disposés en deux rangées alternantes. Les tentacules sont au nombre de dix; les deux ventraux sont plus petits.

Les téguments sont blanchâtres, très minces et complètement débarrassés de leurs corpuscules calcaires.

L'anneau calcaire est formé de dix pièces, dont chacune est pourvue, en son milieu, d'un prolongement antérieur; celui-ci est plus fort dans les pièces radiales que dans les interradiales.

Les muscles rétracteurs s'insèrent vers la moitié du corps. La vésicule de Poli, unique, a 15 millimètres de longueur; les canaux madréporiques, au nombre de trois, sont très courts et terminés chacun par une plaque madréporique bien nette. Les organes génitaux sont constitués par deux faisceaux de tubes simples, placés à l'extrémité d'un assez long canal génital.

RAPPORTS ET DIFFÉRENCES. — Nous avons comparé cet exemplaire aux espèces de *Cucumaria* antarctiques qui présentent, comme lui, des pédicelles localisés sur les radius. Ces espèces comprennent les *C. steineni* Ludwig, *C. lævigata* Verrill, *C. leonina* Semper et *C. tabulifera* R. Perrier, qui sont toutes très riches en corpuscules calcaires et n'offrent pas les particularités anatomiques de notre exemplaire. Cet échantillon doit être comparé à la *C. chiloensis* Ludwig, qui a aussi un contour pentagonal et une double série de pédicelles sur chaque radius; mais notre exemplaire n'est pentagonal que dans la région fortement contractée, et, d'autre part, il a tous ses interradius identiques, tandis que chez la *C. chiloensis* les deux interradius du trivium sont plus petits que ceux du bivium. Seule la comparaison des corpuscules calcaires pourrait permettre de discuter ces affinités; mais malheureusement ils ont été complètement dissous dans notre échantillon.

8. Psolus antarcticus Philippi.

N° 864. — Baie Biscoë. Dragage, 110 m. — 1 exemplaire.

Cet unique exemplaire a tous les caractères du *Psolus antarcticus* type ; il mesure 22 millimètres de long et 17 millimètres de large. R. Perrier insiste sur ce fait que les *Psolus antarcticus* décrits actuellement présentent des individus adultes de deux tailles bien différentes : les plus grands ont, au moins, 38×28 millimètres ; les plus petits ont, au plus, 16×12 millimètres. Or l'exemplaire recueilli par le « Français » a des dimensions intermédiaires à celles de ces deux séries de formes ; il permet donc d'affirmer que ces individus de taille si différente appartiennent bien à la même espèce.

9. **Psolus Charcoti** nov. sp.
(Fig. 6 *a*, *b*.)

N° 861. — Baie Biscoë. Dragage, 110 m. — 1 exemplaire.

Le corps de ce nouveau *Psolus* est plus ou moins cylindrique, mais à extrémités tronconiques ; la région antérieure est plus fortement tronquée que la région postérieure ; celle-ci se relève dorsalement et se termine presque en pointe, tandis que la région buccale est franchement terminale. La longueur totale de cet exemplaire est de 50 millimètres, et son plus grand diamètre atteint 14 à 15 millimètres. Sa couleur est uniformément grisâtre, mais les extrémités anale et buccale sont blanchâtres.

Les téguments sont minces, leur surface est quadrillée et sillonnée par une réticulation très irrégulière ; en nul endroit l'on ne trouve de plaques calcaires imbriquées les unes sur les autres et visibles extérieurement.

La sole ventrale, quoique bien nette, a la même coloration et la même structure que le reste du corps ; elle n'est pas entourée par un rebord latéral, et elle ne s'étend pas sur toute la longueur du trivium. Sa forme est celle d'un trapèze de 30 millimètres de hauteur, dont la grande base, située à 10 millimètres de la bouche, atteint 10 millimètres, alors que la petite base, qui a 6 millimètres, est à 5 millimètres en avant de l'anus.

Sur chaque radius de la sole ventrale, se trouve une seule rangée de pédicelles ; ceux de chaque radius latéral, au nombre de quatorze à seize, se répartissent uniformément sur toute la longueur de la sole ; tandis que les neuf pédicelles du radius médian sont disposés par groupes de trois aux extrémités et dans la région centrale de ce radius.

Les corpuscules calcaires des parois du corps et de la sole sont absolument les mêmes : ce sont des plaques réticulées, plus ou moins circulaires et à nombreuses perforations ; leur diamètre peut atteindre $0^{mm},70$; souvent leur surface présente deux ou trois réseaux superposés de travées anastomosées les unes avec les autres et occupant surtout la région centrale de la plaque.

L'anneau calcaire est formé de dix pièces : les radiales se prolongent en avant par une pointe assez forte, et les interradiales sont munies d'un prolongement plus court.

Les muscles rétracteurs s'insèrent à 20 millimètres du bord antérieur. Les tentacules sont entièrement rétractés dans un pharynx mesurant 9 millimètres de long et 6 millimètres de diamètre. Il existe un long canal madréporique et une seule vésicule de Poli atteignant 6 millimètres.

Les organes génitaux constituent deux faisceaux d'une vingtaine de tubes blanchâtres.

Les organes arborescents sont formés de tubes blanchâtres.

RAPPORTS ET DIFFÉRENCES. — Le *Psolus Charcoti* se rapproche du *P. Murrayi* Théel, parce qu'il présente comme lui une sole n'occupant qu'une partie de la face ventrale et une disposition presque identique des pédicelles. Mais il s'en distingue nettement par la continuité parfaite des parois latérales du corps et de la sole, alors que chez le *P. Murrayi*, d'après le dessin de Théel, la sole est circonscrite par un rebord latéral ; d'autre part, les corpuscules calcaires sont bien différents dans ces deux espèces, le *P. Charcoti* ne possédant aucune coupe.

10. **Psolus granulosus** nov. sp.
(Fig. 4 *a*, *b* ; fig. 9 *a*, *b*, *c* ; fig. 10 ; fig. 11 *a*, *b* ; fig. 18.)

N° 545. — Ile Booth-Wandel, plage. — 17 exemplaires.
N° 528.   —   1 exemplaire.
N° 666.   —   1   —
N° 694.   —   1   —

Les nombreux exemplaires de ce nouveau *Psolus* étaient colorés en rouge; mais, sous l'influence des réactifs, ils ont été presque totalement décolorés : seuls les organes internes ont conservé leur coloration primitive. Le liquide qui a servi à leur conservation a pris une teinte rougeâtre.

Ces échantillons sont de différentes tailles : leurs longueurs oscillent entre 7 et 22 millimètres; leurs largeurs varient de 4 à 10 millimètres, et leurs hauteurs sont comprises entre 2 et 7 millimètres.

L'état de contraction, plus ou moins grand, de ces divers individus leur donne des aspects assez variés ; pourtant tous présentent une région dorsale fortement bombée, presque cylindrique, à surface extérieure grenue, et une sole ventrale plane, constituée par une membrane mince et lisse. Cette sole est limitée sur tout son pourtour par un rebord très net s'infléchissant quelquefois sur le côté ventral. Dans certains exemplaires, le dos est surélevé tantôt vers l'ouverture anale, tantôt vers la bouche ; ces deux ouvertures anale et buccale sont dorsales chez la plupart des individus ; mais, dans un exemplaire bien épanoui (fig. 4 *a*, *b*), la bouche est franchement terminale, tandis que l'anus est dorsal.

Les granulations qui couvrent la surface dorsale du corps sont plus visibles autour de la bouche et de l'anus, où elles paraissent se disposer en cercles concentriques ; dans aucun cas nous n'avons observé de plaques péribuccales et périanales.

Les pédicelles sont localisés sur le pourtour de la sole ventrale (fig. 4, *a*) ; ils sont disposés sur deux rangées le long des radius latéraux. La rangée interne, constituée d'une trentaine de pédicelles, est toujours bien visible et est formée surtout de gros pédicelles, entre lesquels se trouvent intercalés des appendices de plus petite taille. Quant à la rangée tout à fait marginale, elle est plu sou moins cachée par le rebord latéral infléchi, et les pédicelles qui la composent ont un diamètre deux fois plus petit que celui des appendices internes. En avant et en arrière, les deux séries d'ambulacres s'infléchissent et bordent ainsi toute la périphérie de la sole. Aux deux extrémités du radius médian ventral, sont localisés quelques pédicelles, disposés en deux rangées, et dont le nombre ne s'élève jamais à plus de deux à trois paires ; souvent il n'existe que deux à trois de ces appendices à chaque extrémité.

Les tentacules sont au nombre de dix ; les deux ventraux sont petits et ne présentent que deux courts rameaux.

La paroi dorsale du corps renferme des corpuscules calcaires de deux sortes :

1° Des plaques perforées irrégulièrement arrondies, formées de la superposition d'un double et, en certains points, d'un triple réseau de branches anastomosées et présentant un grand nombre de petites ouvertures. Leur diamètre peut atteindre $0^{mm},20$;

2° Des coupes treillissées (fig. 10, fig. 11 a, b), dont les rebords, plus ou moins élevés, sont réunis par un réseau d'anastomoses. Ce sont ces coupes qui, en soulevant le tégument externe, donnent l'aspect granulé de la face dorsale.

La mince membrane de la sole contient des plaques perforées (fig. 18), plus ou moins ovales et un peu convexes. Sur leur surface, l'on trouve, en quelques points, de petits tubercules sphériques.

Les pédicelles renferment des plaques perforées, allongées et à contours irréguliers (fig. 9 a, b, c).

L'anneau calcaire est formé de dix arceaux identiques.

Il existe deux vésicules de Poli disposées d'une façon symétrique par rapport au plan médian.

Les organes génitaux sont constitués de deux faisceaux de deux à trois tubes simples.

Sur la face ventrale de quelques exemplaires, nous avons trouvé de nombreux œufs incrustés dans la paroi de la sole.

Ces œufs, à différents états de développement, étaient encastrés dans des verrucosités, d'où il est très facile de les dégager. Sous certains *Psolus*, nous avons même observé de jeunes larves de 2 millimètres de longueur, fixées à leur sole.

RAPPORTS ET DIFFÉRENCES. — Cette incubation des œufs et de jeunes larves nous a amenés à comparer le *Psolus granulosus* avec le *P. antarcticus* Philippi, qui présente des faits presque analogues. Ces deux formes se distinguent facilement l'une de l'autre : le *P. antarcticus* possède en effet des plaques triangulaires périorales et périanales régulièrement disposées sur un cercle, et sa face dorsale est recouverte de plaques imbriquées. Le corpuscules calcaires sont bien différents dans ces deux formes de *Psolus*.

Le *Psolus granulosus* offre quelque analogie avec le *P. belgicæ* Hérouard, recueilli par la « Belgica » ; mais, dans notre nouvelle espèce, la bouche est terminale, et il n'existe pas d'écailles très apparentes présentant une imbrication qui semble partir de deux centres placés symétriquement sur les parties latérales du corps. D'ailleurs M. Hérouard a eu l'obligeance de comparer notre espèce avec son *P. belgicæ*, et il ne doute pas que ce soit deux espèces différentes.

Le *P. belgicæ*, qui n'a que 7 millimètres de longueur, ne peut être la forme jeune du *P. granulosus*, car nos exemplaires de 7 millimètres ont déjà les caractères de l'adulte et se distinguent par suite très nettement du *P. belgicæ*.

Le *Psolus granulosus* apparaît donc comme une nouvelle forme d'Holothuries incubatrices des régions polaires.

CONCLUSIONS.

Les Holothuries recueillies par le « Français » appartiennent toutes à la faune franchement antarctique, car elles ont été recueillies entre le 64° et le 66° degré de latitude sud. Nous considérons avec M. Kœhler comme nettement antarctique toute la région placée au sud du 55° degré latitude sud et comme subantarctique les parties comprises entre les 50° et 55° degrés.

D'après cette définition, comme autre collection actuellement connue d'Holothuries antarctiques, nous n'avons que celle de la « Belgica ». La comparaison des Holothuries du « Français » avec celles de la « Belgica » montre qu'entre elles il n'y a aucune espèce commune. Cette dissemblance si marquée nous conduit à admettre que les documents sur les Holothuries antarctiques sont encore bien incomplets et qu'il y a peut-être dans ces parages certaines localisations de faune identiques à celles qu'on observe ailleurs.

La « Belgica » avait rapporté, des régions franchement antarctiques, des représentants de tous les groupes d'Holothuries : une Synallactidé nouvelle (*Mesothuria bifurcata*), un nouveau *Psolus* (*Psolus belgicæ*), une *Trochostoma antarcticum* Théel, la *Chirodota Studeri* Théel et deux nouveaux Elpiidés (*Rhipidothuria Racovitzai* et *Peniagone Vignoni*), ainsi que de nombreuses larves d'Élasipodes. Quant aux *Cucumaria* signalées par Hérouard, elles appartenaient à la région subantarctique, puisqu'elles ont été récoltées à Porto-Torro (îles Navarrin).

La collection du « Français » ne renferme aucune Elpiidé, Molpadiidé et Synaptidé, mais exclusivement des Synallactidés et des Cucumariidés ; ces dernières sont prépondérantes, car elles constituent au moins six nouvelles espèces, dont une seule, le *Psolus granulosus*, a quelque ressemblance avec une espèce de la « Belgica » : le *Psolus belgicæ*.

Cette prépondérance des Cucumariidés se retrouve dans les collections recueillies dans les régions subantarctiques (détroit de Magellan, cap Horn), où le genre *Cucumaria* comprend de nombreuses espèces, alors que les autres ordres d'Holothuries n'en renferment qu'un très petit nombre : les *Holothuridæ*, par exemple, ne sont représentées que par trois espèces.

D'après les travaux de Ludwig et de Kœhler, sur la comparaison des Échinodermes arctiques et subarctiques, avec ceux des régions antarctiques et subantarctiques, il résulte qu'il n'existe aucune espèce d'Échinoderme bipolaire. Les Holothuries rapportées par le « Français » ne comportent elles aussi aucune forme bipolaire. Après les nombreux faits accumulés contre la bipolarité, il semble définitivement acquis que la faune antarctique est différente de la faune arctique. Je n'aurais pas cru devoir reprendre cette question, surtout avec des documents si peu importants, si récemment R. Perrier (1) n'était venu signaler, parmi les

_____

(1) Holothuries antarctiques du Muséum d'histoire naturelle de Paris (*Ann. des Sc. nat., Zool.*, 9e série, t. 1, p. 1-146). Nous renvoyons à ce mémoire pour la bibliographie des Holothuries antarctiques et de la question de la bipolarité.

Holothuries, le *Psolus squamatus* Düben et Koren comme une espèce commune aux deux zones polaires. Cette identité n'est d'ailleurs pas parfaite, puisque cet auteur, après Théel, constate que le *Psolus squamatus* antarctique est une variété du type arctique, qu'il désigne sous le nom de *segregatus* (Ludwig n'avait pas admis la spécification de Théel).

Il est donc intéressant d'examiner à nouveau comparativement ces deux formes polaires.

Grâce à l'obligeance de M. Joubin, qui m'a envoyé certains exemplaires du cap Horn déterminés par R. Perrier, j'ai pu me faire une opinion sur ce sujet. En comparant ces *Psolus* antarctiques avec les échantillons de *P. squamatus* des mers arctiques de la collection de M. Kœhler, je constate, en effet, qu'entre ces deux formes arctique et antarctique il existe une très grande ressemblance extérieure ; cependant, comme l'avait déjà signalé R. Perrier, la disposition des plaques péribuccales est plus régulière chez la forme antarctique que dans la forme arctique ; d'autre part, les prolongements des pièces interradiales de l'anneau calcaire sont plus forts chez le *segregatus* que chez le *squamatus* type ; mais les différences les plus marquées se montrent dans les corpuscules calcaires de la sole et des pédicelles. Malgré leur grande variabilité, il n'y a aucune ressemblance entre les corpuscules calcaires de la sole de l'une et l'autre de ces formes. Dans le *P. segregatus*, ces corpuscules (fig. 14, 20) sont semblables à ceux des pédicelles ventraux (fig. 15, 19 *a*, *b*) ; ce sont des plaques allongées à contours irréguliers et percées d'un certain nombre d'ouvertures ; sur leur surface, on distingue quelques petits tubercules perliformes. Chez le *P. squamatus* type, alors que les corpuscules des pédicelles (fig. 16 *a*, *b*, *c*) rappellent ceux du *segregatus*, ceux de la sole (fig. 17 *a*, *b*, *c*) sont bien différents comme dimension et comme structure ; ils affectent la forme d'un *x* dont les branches bifurquées et anastomosées circonscrivent deux à quatre grandes ouvertures. Ces différences nous paraissent suffisantes pour élever la variété de R. Perrier au rang d'une espèce distincte du *P. squamatus* Düben et Koren et que nous désignons sous le nom de *P. segregatus* R. Perrier. Tout en admettant avec R. Perrier que « le fait de savoir si les deux formes sont deux variétés de la même espèce ou deux espèces voisines est affaire de sentiment ou d'appréciation personnelle », nous ferons remarquer qu'aux caractères différentiels, qui ne permettaient pas à cet auteur d'identifier complètement la forme antarctique avec la forme arctique, nous en avons ajouté d'autres, fournis surtout par les corpuscules calcaires, qui nous ont amené à les séparer comme espèces distinctes, confirmant ainsi l'opinion de Ludwig. L'identification de ces deux espèces, *P. squamatus* et *P. segregatus*, n'est donc plus permise et, par suite, il ne peut plus être question du *P. squamatus* comme forme bipolaire ; ainsi disparaît l'unique exemple de bipolarité fourni par les Échinodermes.

Si, avec la plupart des auteurs, nous n'admettons pas la bipolarité, nous sommes frappés par les analogies présentées par certaines espèces arctiques et antarctiques. Le *Psolus squamatus* arctique ressemble au *P. segregatus* antarctique, la *Cucumaria glacialis* Ljungmann à notre nouvelle *C. attenuata*, la *Cucumaria hispida* (Barrett) à la *C. irregularis*. E. Perrier a dressé des listes de semblables analogies entre les espèces d'Astéries des deux pôles. Ces ressemblances externes sont une des raisons qui avaient entraîné certains zoologistes à admettre la bipolarité ; mais la plupart de ces espèces bipolaires n'ont pas résisté à un examen approfondi.

EXPLICATION DES PLANCHES

PLANCHE I

Fig. 1. — *Cucumaria Turqueti* nov. sp. Réduct. = 3/4. env.
Fig. 2 *a*. — *Cucumaria irregularis* nov. sp. ; face dorsale. Gr. = 4.
Fig. 2 *b*.   —   —   face ventrale. Gr. = 4.
Fig. 3. — *Cucumaria antarctica* nov. sp. Réduct. = 2/3.
Fig. 4 *a*. — *Psolus granulosus* nov. sp. ; face ventrale. Gr. = 2.
Fig. 4 *b*.   —   vue latérale. Gr. = 2.
Fig. 5 *a*. — *Cucumaria attenuata* nov. sp. ; vue latérale. Gr. = 4.
Fig. 5 *b*.   —   —   face ventrale. Gr. = 4.
Fig. 6 *a*. — *Psolus Charcoti* nov. sp. ; face ventrale. Gr. = 1.
Fig. 6 *b*.   —   vue latérale. Gr. = 1.
Fig. 7 *a*. — *Synallactes Carthagei* nov. sp. ; face ventrale. Gr. = 7/2.
Fig. 7 *b*.   —   —   face dorsale. Gr. = 7/2.
Fig. 8. — *Cucumaria antarctica* nov. sp. ; plaque perforée de la région invaginée du corps. Gr. = 220.
Fig. 9 *a, b, c*. — *Psolus granulosus* nov. sp.; plaques perforées des pédicelles. Gr. = 220.
Fig. 10. — *Psolus granulosus* nov. sp. ; coupe de la paroi dorsale du corps, vue latéralement. Gr. = 366.
Fig. 11 *a, b*. — *Psolus granulosus* nov. sp. ; coupe de la paroi dorsale du corps, vue en plan et de profil. Gr. = 366.
Fig. 12. — *Cucumaria attenuata* nov. sp. ; corpuscule calcaire des pédicelles. Gr. = 333.
Fig. 13.   —   —   plaque perforée de petite taille des parois du corps. Gr. = 2 20.
Fig. 14. — *Psolus segregatus* R. Perrier ; plaque perforée de la sole ventrale. Gr. = 220.
Fig. 15.   —   —   R. Perrier ; plaque perforée des pédicelles. Gr. = 220.

PLANCHE II

Fig. 16 *a, b, c*. — *Psolus squamatus* Düben et Koren ; plaques perforées des pédicelles. Gr. = 220.
Fig. 17 *a, b, c*. —   —   — corpuscules calcaires de la sole ventrale. Gr. = 220.
Fig. 18. — *Psolus granulosus* nov. sp. ; plaque perforée de la sole ventrale. Gr. = 220.
Fig. 19 *a, b*. — *Psolus segregatus* R. Perrier ; plaques perforées des pédicelles. Gr. = 220.
Fig. 20.   —   —   — plaques perforées de la sole ventrale. Gr. = 220.
Fig. 21 *a, b*. — *Cucumaria attenuata* nov. sp. ; plaques perforées de grande taille de la paroi du corps. Gr. = 220.

Fig. 22. — *Cucumaria attenuata*, exemplaire de petite taille; plaque perforée de la paroi du corps. Gr. = 220.

Fig. 23. — *Cucumaria lateralis* nov. sp.; petite plaque perforée de la paroi du corps. Gr. = 220.

Fig. 24. — *Cucumaria lateralis* nov. sp.; grande plaque perforée de la paroi du corps. Gr. = 220.

Fig. 25. — *Cucumaria lateralis* nov. sp.; plaque perforée des pédicelles. Gr. = 220.

Fig. 26. — *Cucumaria antarctica* nov. sp.; plaque perforée de l'individu de petite taille. Gr. = 333.

Fig. 27 *a, b, c, d.* — *Synallactes Carthagei* nov. sp.; corpuscules calcaires des parois du corps. Gr. = 90.

Fig. 28 *a, b.* — *Synallactes Carthagei* nov. sp.; corpuscules calcaires des pédicelles. Gr. = 220.

Fig. 4 a.

Fig. 4 b.

Fig. 8.

Fig. 1.

Fig. 2 b.

Fig. 3

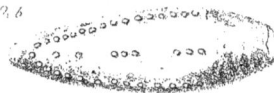

Fig. 6 a.

Fig. 5 a.

Fig. 6 b.

Fig. 7 a.

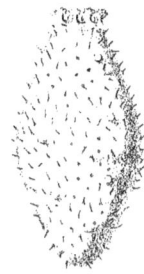

Fig. 7 b.

Fig. 9 a.

Fig. 8 b.

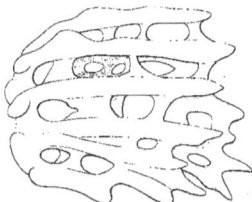

Fig. 10.

Fig. 9 b.

Fig. 11 a.

Fig. 11 b.

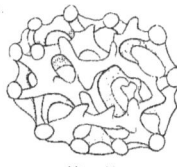

Fig. 5 b.

Fig. 12.

Fig. 13.

Fig. 14.

Fig. 15.

C. Vaney del.

Imp. Monrocq. Paris.

Holothuries.

Masson & Cⁱᵉ Éditeurs.

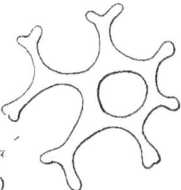
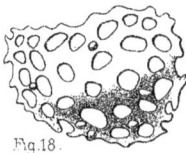

Fig. 21 a.

Fig. 15 a.

Fig. 17 a.

Fig. 18.

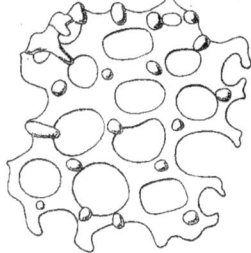

Fig. 19 a.

Fig. 16 b.

Fig. 17 b.

Fig. 20.

Fig. 21 b.

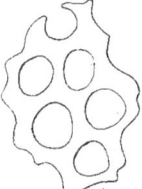

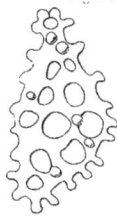

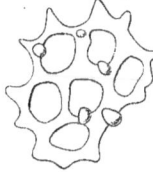

Fig. 16 c.

Fig. 22.

Fig. 17 c.

Fig. 19 b.

Fig. 23.

Fig. 26.

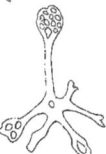

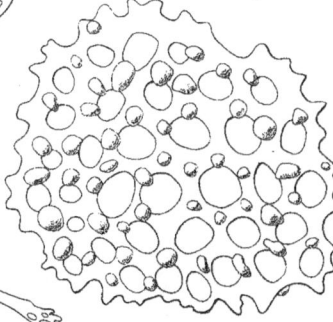

Fig. 28 a.

Fig. 27 c.

Fig. 27 a.

Fig. 27 d.

Fig. 27 b.

Fig. 28 b.

Fig. 24.

Fig. 25.

C. Vaney, del.   Imp. Monrocq. Paris.

Holothuries.

Masson & Cie, Éditeurs.

Corbeil. — Imprimerie Ed. Crété.